Arduino LabVIEW
嵌入式设计与开发

温漠洲　肖明耀　郭惠婷　编著

U0299936

中国电力出版社
CHINA ELECTRIC POWER PRESS

内 容 提 要

通常 Arduino LabVIEW 嵌入式设计过程经过两次编译实现。本书介绍的编译器是将 LabVIEW 图形化编程语言编译成 Arduino IDE 平台识别的文本语言，然后再经 IDE 编译成机器码下载到硬件中，整个过程一键操作完成。因传统嵌入式设计开发要经历长久的 C 和 C++语言的学习实践，还要花费太多心思熟悉某款单片机各寄存器的细节内容，很难响应快速多变的市场需求。

本书介绍的是世界首款 LabVIEW 针对 8 位、32 位单片机嵌入设计软件包，使读者在图形化编程环境实现项目功能需求。书中的 VIs 全部在总目录下，条理清晰，拖拽方便，有些跟 PC 主机相类似的原生 VIs 没重复介绍，一笔带过，其他硬件类 VIs 均加以详述，并附上 25 个范例供操练验证，是初学者案头必备书。基于廉价丰富的 Arduino 硬件主板和扩展板，读者可开箱即用，享受图形化嵌入编程设计带来的乐趣。

本书全面介绍 LabVIEW for Arduino 编译器的基础知识和应用技巧，可以作为 Arduino LabVIEW 嵌入设计用户手册使用，也可供 Arduino LabVIEW 嵌入设计与开发工程师、技术人员参考。

图书在版编目 (CIP) 数据

Arduino LabVIEW 嵌入式设计与开发/温漠洲，肖明耀编著. —北京：中国电力出版社，2016.10 (2018.1重印)
(创客训练营)
ISBN 978 - 7 - 5123 - 9750 - 7

Ⅰ. ①A… Ⅱ. ①温… ②肖… Ⅲ. ①单片微型计算机-程序设计 Ⅳ. ①TP368.1

中国版本图书馆 CIP 数据核字（2016）第 213268 号

中国电力出版社出版、发行

（北京市东城区北京站西街 19 号 100005 http://www.cepp.sgcc.com.cn）

三河市百盛印装有限公司印刷

各地新华书店经售

*

2016 年 10 月第一版 2018 年 1 月北京第二次印刷

787 毫米×1092 毫米 16 开本 10.25 印张 258 千字

印数 2001—4000 册 定价 32.00 元

前　言

　　"创客训练营"丛书是为了支持大众创业、万众创新，为创客实现创新提供技术支持的应用技能训练丛书，本书是"创客训练营"丛书之　。

　　Arduino 是开源硬件和软件的代名词，出现于 2009 年，这几年间发展迅速，推出了许多令人惊叹的产品。工程师、开发人员无偿的为之添砖加瓦，从而形成世界级的队伍，开发出来大量的硬件板和软件库。LabVIEW 采用图形化编程语言，发展至今已 30 年，由 NI 公司创建，之前主要由科学家们专用，价高和寡，现在推广到民间，价位也更加亲民。

　　之前 LabVIEW 软件工程师编写的程序一般在 PC 机上运行，用数据采集卡构造虚拟仪器。现在为了进一步应用于工程实际，用 LabVIEW 编写 8 位单片机的程序，不具体拘泥于单片机内核和寄存器内容，将图形化 LabVIEW 与 Arduino 结合，开创出 Arduino 应用的新天地。可直接面对功能需求，将一个个项目快速的迭代，通过将一个个 VI 搭积木般的拖拽，实现最终的功能。

　　Arduino LabVIEW 嵌入式设计编译器作为一种跨界创新产品，架构了一座闭源和开源生态圈间的桥梁，为工程师们、创客们打造了一个工具和平台，从此可站在世界百万级工程师的肩膀上，巧妙地运用、整合他们分享的功能库，"人人为我，我为人人"，这正是一个知识分享、经济分享，循环发展的时代。

　　本书全面介绍 LabVIEW for Arduino 编译器的基础知识和应用技巧，内容包括 Arduino LabVIEW 编译器使用的结构选板、编译选板、数组选板、数值选板、布尔选板与字符串选板、比较与定时器选板、三角函数选板、实用工具选板、LCD 选板、模拟量选板、数字量选板、串口选板、中断选板、SD 卡选板、SPI 选板、I^2C 选板、伺服选板等，介绍各种选板中的 VI 组件及其应用，利用图形化 LabVIEW 编程，通过 VI 搭积木般的拖拽，实现 Arduino 的控制功能。

　　本书介绍的 Arduino LabVIEW 嵌入式设计编译器有两种版本：一为家庭教育版，客户群为创客、学生和 LabVIEW 粉丝，也是院校机构教育工作者的绝佳工具；二为标配版，用作公司企业测控领域的商业用途。目前两种版本功能相同，只是前者多了水印标志，不能在公司进行联网注册。

　　本书采用的 Arduino IDE 版本为 V1.6.8，Arduino LabVIEW 嵌入式设计编译器版本为 V1.0.0.21，开发环境推荐 Windows 7 以上（Windows XP 系统下编译会出错，不建议），Lab-VIEW 为 2014 基础版及以上。书中的大部分范例作者均编译下载验证过，且某些针对中文语境下的 case 条件结构语句，如条件端为布尔类型输入，判断帧会出现"真""假"中文字符，这样会导致编译出错，因此将涉及的程序框图修改过来了。如果读者在实践中发现范例编译出错，可查看本书中的解释说明。

兼容 Arduino IDE 平台的硬件板，均可使用本书介绍的编译器来做嵌入式设计开发，官方验证过的板件型号如下：

- Arduino Yun
- Arduino Uno
- Arduino Due
- Arduino Mega
- Arduino Leonardo
- Arduino Nano

注：Intel 公司针对穿戴市场推出的基于 Curie 芯片的 Arduino/Genuino 101 板，相关驱动库的安装过程跟本书述及的 Arduino Due 板操作相同。

本书仅是 LabVIEW 嵌入式设计的开始，后续团队会继续推出物联网 LabVIEW 嵌入式设计，及针对 Raspberry（树莓派）LabVIEW 嵌入式设计，无论 Pi 1、2、3 均支持，敬请关注。

特别感谢 Steffan Benamou 为本书出版提供的大量帮助。

本书由温漠洲、肖明耀、郭惠婷编著。

由于编写时间仓促，加上作者水平有限，书中难免存在错误和不妥之处，恳请广大读者批评指正，请将意见发至 xiaomingyao@963.net，不胜感谢。

编　者

目　录

Arduino LabVIEW 嵌入设计编译器是将 VI 编译成 Arduino 平台语言的嵌入设计编译器（见图 1-1），通过它将代码下载到相关硬件板中，使 VI 可脱离 PC 机，嵌入到 Arduino 硬件中独立运行。编译器支持嵌套子 VI，相关应用请参照安装后的 VI 选板和帮助文档，以便进一步了解相关性能和 API 函数。由于硬件存储空间有限，所以编程时要严格限制使用大动态数据类型，比如字符串和数组，针对 Uno 这种 8 位机更应小心为是。

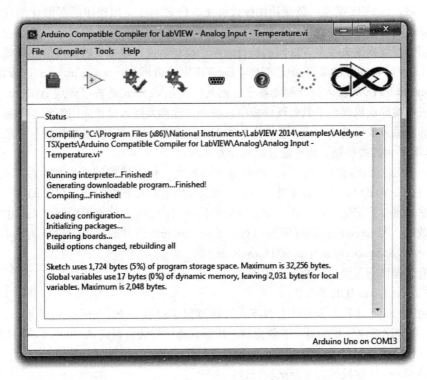

图 1-1　Arduino LabVIEW 嵌入设计编译器

在使用这款编译器之前，必须在 Arduino 官网：http：//arduino. cc/en/main/software 下载安装 Arduino IDE 1. 5. 7 以上版本。

技术服务支持邮箱：support@tsxperts. com

Arduino™：Arduino 组织的商标。

LabVIEW™：美国国家仪器（NI）有限公司的商标。

2016 TSXperts/Aledyne：公司版权所有。

1.1　快速入门指引

这部分将详细介绍"Arduino LabVIEW 嵌入设计编译器"是如何工作的，只有理解其工作方式，才能顺畅地编写 LabVIEW 嵌入设计 VIs，从而无误地编译下载到 Arduino 硬件平台中。其中还包括"Arduino LabVIEW 嵌入设计编译器"编程和指令步骤等内容，另附有相关API 和参考例程。指南由三个主要部分组成：授权许可、动手入门和编程前重要注意事项。强烈建议编程人员先期完全理解这些内容。

1.2　动手安装实践

Arduino LabVIEW 嵌入设计编译器是一款基于 NI 公司的 LabVIEW（虚拟仪器工程实验室平台）产品，LabVIEW 是一款使用图标代替文本行来创建应用程序的图形化编程语言。文本编程语言是通过使用指令来决定编程执行的顺序，而 LabVIEW 是使用数据流编程，其间通过程序框图节点数据流来决定 VIs 间的执行顺序，换句话说，虚拟仪器是模仿物理仪器来编程的。关于 LabVIEW 编程的基础知识可访问 LabVIEW 官方网站：www. ni. com/labVIEW。

Arduino LabVIEW 嵌入设计编译器是名副其实的，VI 图式是被编译成 Arduino IDE 识别的文本，进而编译成机器码下载到硬件板中，整个过程称为嵌入设计应用编程。普通工具包提供的 VIs 和能编译成可被 Arduino 硬件执行的 VIs 是完全不同的，这点要注意！一般来说兼容 Arduino IDE 平台的硬件板，均可通过此编译器来编程。

Arduino 跟桌面 PC 机相比，与物理世界更贴近些，获取传感器数据和控制执行更直观。它是一款基于简单单片机的开源硬件平台，开发环境和软件编程都以板接口来阐述，摒弃了单片机太多底层寄存器记忆内容，输入信号可以是按键和传感器，输出可控制灯光和电动机。软件编程下载后，Arduino 硬件就可脱机运行。关于 Arduino 硬件的相关知识可浏览 Arduino 官方网站：www. arduino. cc/en/Guide/HomePage。

下面介绍操作前需要了解的背景知识。

1. 安装 Arduino IDE 1.5.7

先安装 Arduino IDE 1.5.7 以上版本，可通过以下链接下载：www. arduino. cc/en/Main/Software。提醒读者应注意的是，下载完后，按默认路径安装！目前 Arduino LabVIEW 嵌入设计编译器是按照这个路径去寻找识别的，如安装到其他路径，编译器会报错。

下列 Arduino 硬件板经完整测试验证过：

- Arduino Yun
- Arduino Uno
- Arduino Due
- Arduino Mega
- Arduino Leonardo
- Arduino Nano

下列 Arduino 硬件板经过编译验证，但没代码下载过。虽然在编译器中均排一列，但 TSXperts/Aledyne 官方建议使用上面那些型号。

- Arduino Mega 2560
- Arduino Mega ADK

- Arduino Diecimila
- Arduino Micro
- Arduino Esplora
- Arduino Mini
- Arduino Ethernet
- Arduino Fio
- Arduino BT
- LilyPad Arduino
- Arduino Pro
- Arduino Pro Mini
- Arduino NG
- Arduino Robot Control
- Arduino Robot Motor

上面任何一款型号，均可通过 USB 连线到桌面 PC 机运行编译器。

2. 配置 Arduino 硬件板

(1) 确保 Arduino 硬件板已连接到桌面 PC 机上，查看相应驱动是否已安装成功。

1) 打开计算机上的设备管理器，展开端口，如自动安装成功的话，能看到 Arduino 硬件板的型号（见图 1-2）。

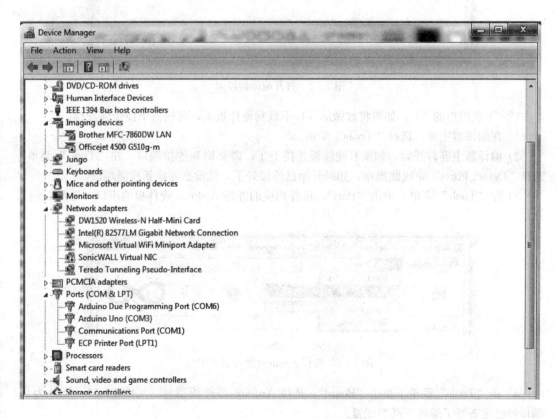

图 1-2　查看 Arduino 硬件板配置

2）查看如图 1-2 所示的 "Ports" 节点，可看到显示已安装 Arduino 硬件板，代表 Arduino 硬件板已安装到桌面 PC 机上了，在 LabVIEW "工具" 菜单中，单击 "Arduino Compatible Compiler for LabVIEW"，打开编译器界面（见图 1-3）。

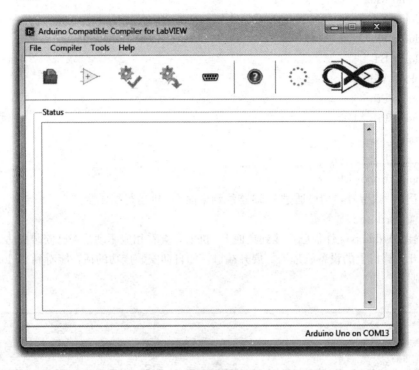

图 1-3　打开编译器界面

（2）下载用户的 VIs。如要将你做的 VIs 下载到硬件板上，可按照下面步骤操作。

1）在编译器主屏，选择 "Tools" 菜单。

2）编译器主屏打开后，如果有硬件板连接上了，需要刷新连接端口，在 "Tools" 菜单下选择 "Detect Ports" 完成此操作，如果开始已连接好了，就没必要刷新检测端口。

3）在 "Tools" 菜单下单击 "Port"，选择相应的外连 Arduino 硬件板的串口（见图 1-4）。

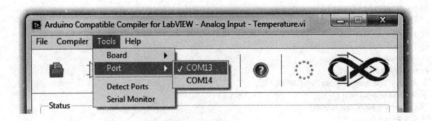

图 1-4　选择 Arduino 硬件板的串口

4）在 "Tools" 菜单下单击 "Board"，选择 Arduino 硬件板型号（见图 1-5）。到此为止，编译器已准备好了编译下载的配置。

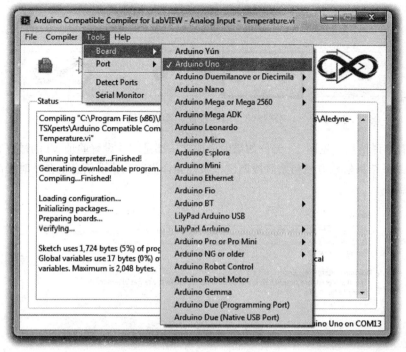

图 1-5 选择 Arduino 硬件板型号

3. 编译下载 LabVIEW VI 到 Arduino 硬件板

（1）单击"File"菜单（见图 1-6）。

（2）选择"Load VI"，装载要编译下载到硬件板的 VI，选择"Open Front Panel"打开刚才 VI 的前面板，这两项分别为工具栏中第一、二个图标。

（3）单击"File"菜单下的"Recent VIs"，可打开下级的相关子菜单，选择最近编辑过的 VIs（见图 1-7）。

（4）编译验证、编译下载（见图 1-8）。VI 装载后，可选择工具栏中第三、四图标："Compile（Verify）""Compile and Download"。前者为仅编译验证，后者先编译完后下载到相连配置好的 Arduino 硬件板中，两者的操作均会在状态栏中显示过程信息。

图 1-6 单击"File"
（文件）菜单

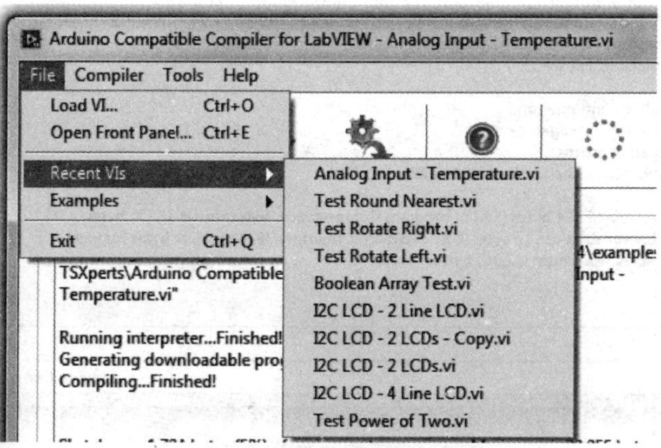

图 1-7 选择最近编辑过的 VIs

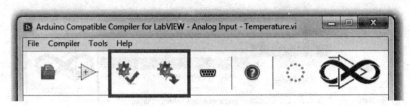

图 1-8 编译验证、编译下载

（5）查看编译信息（见图1-9）。如果编译成功，那是唯一设置验证 VI 的最好方式。状态栏中提供的编译结果信息方便初始阶段调试，某些编译失败和错误信息也会及时提醒编程者注意加以修改。

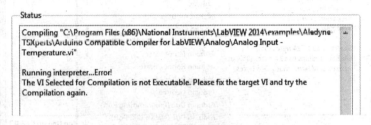

图 1-9 查看编译信息

（6）一旦 VI 测试成功了，就可单击工具栏中的第四个图标进行下载，这个过程有些长，请耐心等待，完成后 Arduino 硬件板就可脱离 PC 机独立运行刚才的 VI 功能。

4. 串口监视

（1）串口监视命令图标。"LabVIEW Arduino 嵌入设计编译器"主屏工具栏第五个图标即是用于串口监视命令图标（见图1-10）。

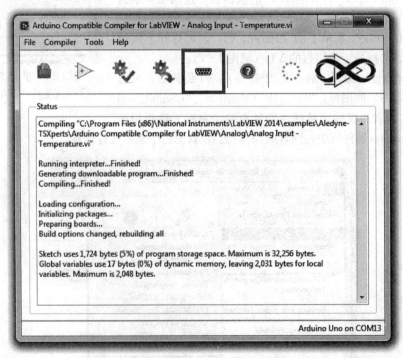

图 1-10 串口监视命令图标

（2）当单击串口监视命令图标后，打开串口监视器（见图 1-11）。

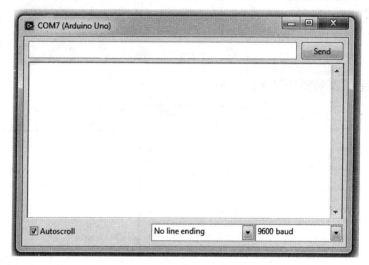

图 1-11　串口监视器

（3）通过串口监视器主屏可配置初始化串口波特率和帧结束符。默认为 9600bit/s、无帧结束符。添加的帧结束符待选项有："换行""回车""回车换行"。其对应的 ASCII 码 16 进制数为 "0x0A""0x0D""0x0D 0x0A"。

（4）用户也能更改串口通信的波特率，从而与嵌入 Arduino 板通信 VI 相匹配，如果屏图打开，10s 内 PC 机没与硬件板建立连接，通信不成功的话，将产生出错提示。

（5）串口监视屏读取显示相应串口所有接收字符，也允许用户仿真模拟发送字符串，在上端文本框中拟写好后，按下 "Send" 按钮即可。

5. 查找范例

"Arduino LabVIEW 嵌入设计编译器"附送了一些范例 VIs，可随意修改、包含和嵌入自己的应用当中，也可多个范例 VIs 复制、粘贴整合到将来的应用中。

按照下列步骤浏览 "Arduino LabVIEW 嵌入设计编译器" 中的范例 VIs。

（1）打开 NI LabVIEW 软件。

（2）选择 帮助→查找范例，打开 "NI 范例查找器"。

（3）通过"浏览"选项卡中的"目录结构"，选择 "Aledyne-TSXperts" 文件夹内容；或单击"搜索"选项卡，输入关键词 "Arduino" 搜索。

（4）通过双击选择的文件夹扩展可找到当下所需的范例 VI。

（5）另外通过编译器主屏也可浏览到你要查找的范例 VIs，如图 1-12 所示。

6. 移植 Arduino 或用户库到 LabVIEW

"Arduino LabVIEW 嵌入设计编译器" 目前能够使用户移植 Arduino 库，用户也可定制 LabVIEW API VIs 打造特定功能库。这些功能通信 VIs 方便用户利用丰富廉价的 Arduino 硬件扩展模块板，前提是开发者必须熟悉 C 语言，因为 Arduino 库中的代码类似 C 代码，需要熟读理解，才能修改裁剪。如要对用户创建的 LabVIEW 库进行查看，通过装载测试 VI，单击 "Arduino Code" 选项（见图 1-13）即可。请参阅"移植 Arduino 库到 LabVIEW"章节（1.6 节）完整过程步骤指南。

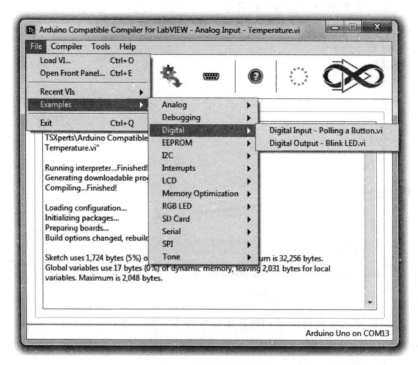

图 1-12　查找的范例

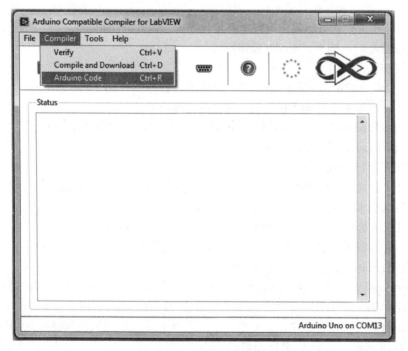

图 1-13　单击"Arduino Code"选项

7. 阅读跳转

为便于开发人员充分利用好这款编译器，强烈建议参阅创建 Arduino VIs 前"重要注意事项"章节（1.4 节），其中阐述了哪些内容支持，哪些不支持，内存优化技术和其他重要使用经验。

1.3 问 答 集

（1）前面板和显示控件名称有不允许的字符吗？

Arduino IDE 遵循 C 语言编程通用规则，约定的关键字作字符名是不允许的，这样导致前面板和显示控件也不能用。"LabVIEW Arduino 嵌入设计编译器"内部保护禁止使用这些字符名，但不是全部。编程者须慎重考虑避免使用这些 C 语言中的约定字符名，比如：string，emum，const，struct，int，word，boolean，char，byte，unsigned，signed，long等。也要注意不要使用类似的名字。

（2）LabVIEW 在 Windows 系统中使用"NaN"表示没有计算值，比如除以 0 或求负数的平方根。"LabVIEW Arduino 嵌入设计编译器"是否也支持这种无效的计算？

不支持这种无效的计算，"LabVIEW Arduino 嵌入设计编译器"在这种无效计算中不返回"NaN"。实际上，在嵌入设计中，这会导致程序崩溃，所以这种计算的禁止保护是要特别加以重视的。

（3）我设计的应用程序没执行，编译没出错提示，但并非一直如此，有时程序崩溃，这是怎么回事？

如果你的程序碰到一种莫名其妙的常规失效情形，那还算是幸运的，是缘于内存空间堆栈崩溃，有可能是数组和字符串使用动态内存或碎片空间超出所限。由于硬件资源有限，数组和字符串的使用要尽量克制，如要确切知道程序消耗的内存大小，可参阅创建 Arduino VIs 前"重要注意事项"章节（1.4 节）中的"内存管理"条目。

（4）当我直接写浮点数到 LiquidCrystal _ I2C write. vi，LCD 屏只显示两位精度，为什么？

这个液晶显示 LCD 的 VI 默认自动截去了后面的有效数字，如果你要求精度较高，可使用 Number to Fractional String primitive VI，指定精度位数，然后连线到 LiquidCrystal _ I2C write polymorphic vi。

（5）当我在条件结构框上右击选择"未连线时使用默认"，编译时为什么出错？

"LabVIEW Arduino 嵌入设计编译器"当前版本对条件结构不支持"未连线时使用默认"，目的是避免编译出错，所以不得不右击选择"创建常量"，创建常量操作如图 1-14 所示。

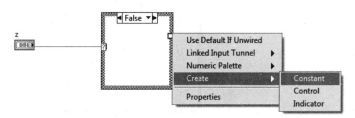

图 1-14 创建常量操作

（6）在复合运算 VI 节点中，选择反转，为何代码运行不工作？

当前复合运算 VI 节点不支持反转功能，用"非"门 VI 来替代即可。

（7）我在"+1"节点前连了含两元素的枚举常量，希望输出加 1 后返回到第一个元素，但结果却不是这样，为什么？

"LabVIEW Arduino 嵌入设计编译器"当前版本不支持枚举到最后元素加 1 反转到第一个元素，提醒自己加以注意，程序中不要出现这种逻辑纰漏，当然，"−1"节点 VI 也是这样的。

（8）我在"十进制数字符串至数值转换"节点 VI 输入端连了"2223"字符内容，偏移量连了 2 数字，希望输出"23"，但结果为什么却是"2223"？

"LabVIEW Arduino 嵌入设计编译器"当前版本的 VI 不支持偏移量，字符完全转换成数值。

（9）我用了时间计数器 VI，但发现每次 Arduino 板上电，时间计数器 VI 返回值为 0，为什么？

因为 Arduino 板件没内部实时时钟（RTC）作为时间计数器 VI 的基础，RTC 是 PC 机处理器的一个函数，当掉电或重启时，保存着内部时间计数器功能。因为 Arduino 板件没有这么一个功能函数，所以软件重启时，内部计数器也就重启了。

（10）为什么我在"LabVIEW Arduino 嵌入设计编译器"中不能使用簇？

簇在组织复杂的数据结构上的确是种很强大的方法，然而，因为 Arduino 硬件是基于小型的 MCU 架构，编译器要对内存进行优化处理执行，簇的结构内存开销一直继承，优化不方便。

（11）支持 64 位数据类型吗？定点数呢？我如何查找"LabVIEW Arduino 嵌入设计编译器"支持的数据类型列表？

64 位和定点数不支持。所有完整支持的数据类型列表待续。

（12）我能在条件结构的选择端连线字符串变量吗？

简单来说是可以的，编译器支持。然而，不建议这么使用，因为这会提升条件选择列表的内存数量，推荐使用枚举数据类型替代。

（13）如图 1-15 所示，我能在条件结构选择一个数值范围和多个值吗？

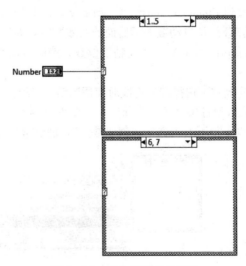

图 1-15　多个值的条件结构

可以，本编译器完全支持！

（14）我可以对前面板显示控件调用属性节点吗？

不可以，本编译器不支持。

（15）当我使用一个子 VI 时，编译出错，说是不匹配'operator＝'，为什么？

SubVI_Array_Test. ino：117：28：error：no match for'operator＝'（operand types are

'LVOneDimArray＜short unsigned int＞'and 'LVOneDimArray＜long unsigned int＞')
SubVI＿Array＿Test.ino：117：28：note：candidate is：

你很可能在子 VI 的输入端连接了一个不太匹配的数据类型，本编译器版本目前不支持自动匹配输入数据类型，所以产生这个错误提示。

（16）我能在另一个自己创建的 VI 中嵌入 Arduino 编译器吗？

可以，"LabVIEW Arduino 嵌入设计编译器"中有个 Compilation 程序选板，其中有 Compile.vi，能用来对 VI 自动编译或编译下载到硬件中，还有命令行接口。

（17）在顶层 VI 中，我有个密码保护子 VI，命名为 Test.vi，为什么出现编译出错提示："Arduino function" Test "not supported"？

"LabVIEW Arduino 嵌入设计编译器"不支持密码保护子 VI。假如使用这样的子 VI，编译时会出错。

1.4　重要注意事项

Arduino 硬件板是由单颗小型 MCU 和一些基本元器件组成的，这方面的 VI 可编译下载到嵌入硬件板中。为了使这种类型的硬件运行复杂的程序，需要考虑涉及内存优化领域的注意事项。

通常 LabVIEW 给大家的印象是 PC 机上的编程，而非针对具体某款硬件的。另外，LabVIEW 拥有丰富的图形化人机交互界面，显然这些没用到嵌入硬件中。

为使用方便，"Arduino LabVIEW 嵌入设计编译器"在程序框图安装了专有的功能函数选板，用户只能使用这些 VIs 来进行嵌入式编程，对于其他 VIs 本编译器均不支持，在编译时会弹出如图 1-16 所示的错误提示对话框。单击"Send Error Report"按钮，会提交错误报告到"Arduino LabVIEW 嵌入设计编译器"开发人员手中，这些提交信息对下次版本质量提升很有帮助。

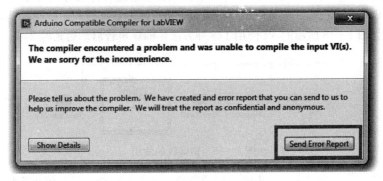

图 1-16　错误提示对话框

1. Arduino LabVIEW 嵌入设计编译器的功能函数选板

按照下面步骤可访问"Arduino LabVIEW 嵌入设计编译器"功能函数选板。

（1）打开或新建一个 VI。

（2）显示程序框图。

（3）在程序框图上右击，在弹出的函数选板上选择"附加工具包"。

（4）这时就会看到 Arduino 方面的子选板。

图 1 - 17　可调用的嵌入设计 VIs 内容

（5）单击进去，就会看到如图 1 - 17 所示的可调用的嵌入设计 VIs 内容。

下面将详细讲述必要的基础内容，开发人员要全面掌握，在具体创建硬件 VIs 前，确保已完整通读了本章节。

2. 簇

虽然簇在 LabVIEW 中组织数据是种强大的方法，但产生的代码会带来额外的开销，因此本着最小开销原则，最大发挥 Arduino 硬件的优势，将其从本编译器中剔除了。如果用了的话，则编译时会弹出错误提示。但有个例外，即本编译器建议并允许使用错误簇。

LabVIEW 编程中，数据流编程是基本方法，概括地说，LabVIEW VI 执行顺序是由程序框图连线的数据流向决定的，即调用数据流编程。更多的数据流编程知识请浏览 http：//www.ni.com/video/1875/en/。

VI 编程时按执行顺序来练习实操，这对编程人员来说是种比较好的习惯，因其能帮助避免竞争冲突，也避免了代码其他难以调试的风险，错误簇的数据流利用机制就是确保数据流向较好的模式，如图 1 - 18 所示的 VI 使用了这种方法，确保声音启动后延时 2s 后才停止。

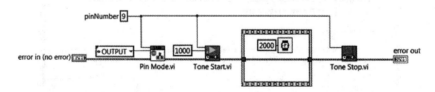

图 1 - 18　错误簇的使用

错误簇的使用，不会导致编译出错。启动音频，然后延时 2s，最后停止音频输出，这种顺序数据流编程是很清晰的。然而，这里错误簇的使用仅是起连接顺序功能，并不意味着有实际簇的作用，如图 1 - 19 所示使用错误簇的方法就会导致编译出错。

3. 类型定义

类型定义也是种很强大的组织数据方法，基于跟簇同样的原因，本编译器也是不支持类型定义的。但有个例外：编译器特定封装的 API 函数的输入端可使用类型定义，编译时能通过，不会有出错提示。类型定义如图 1 - 20 所示。

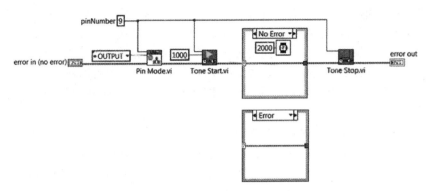

图 1-19　导致编译出错

4. 内存管理

Arduino 硬件需要紧凑的内存管理来执行复杂的应用，因此，编程人员必须小心使用来最大化挖掘硬件的潜力，本章节内容讲解了编译器如何处理优化内存管理，概述了编程人员保持获得内存管理的良好习惯。例程中大多数介绍了数组的使用，这同样适用于字符串数据类型。这里着重强调：虽然编译器包含一些优化算法，但针对 Arduino Uno 这种内存很小的类似硬件，数组和字符串的使用会大大占据内存空间。

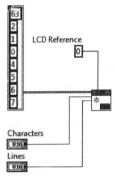

图 1-20　类型定义

LabVIEW 与 C 语言等其他嵌入式编程语言最大的不同点之一是内存分配对编程者抽象化了，而基于文本编程这部分还保留着由编程者来合理分配。这种特殊性使得 LabVIEW 编程者在分配变量时超简单，因为 LabVIEW 编译器后台考虑了这方面的内存分配。也就是说，编程人员创建的 VI 在嵌入硬件中执行，不会去注意后台怎么分配内存。对编程人员来说，理解 LabVIEW 如何处理内存分配是相当有用的。本章节简单介绍一下其基本内容，要想完整了解各细节部分，可浏览 https：//decibel. ni. com/content/docs/DOC-15425

这里使用数组变量来扩展描述，因其使用频繁，容易理解，相关内容针对其他数据类型也是同样管用的。

一般来说，Arduino 存储域分成 4 个不同的部分：

● 代码区，编译后的程序就放在这一块（FLASH 空间）。

● 全局区，全局变量域，可标定。

● 堆区，来自数组和字符串动态分配的变量。

● 栈区，当调用子 VIs 时分配的参数和局部变量。

全局区、堆和栈区属 SRAM 域，SRAM 是 Arduino 硬件的通用配置，虽然 SRAM 的不足可能大多数是内存的问题，但是它们是最难诊断的。假如你的程序总是出现一种莫名其妙的故障，是因为 SRAM 存储空间的泄漏崩溃。

"Arduino LabVIEW 嵌入设计编译器"针对每个数据类型变量处理分配不同的内存地址。

常规数据类型如整型、浮点型和布尔数据类型没定义成全局变量，也没作为局部变量来引用，而是当作自动动态变量来使用，像调用子 VIs 般从栈中提取回收分配，好处是当程序有很多连线的节点时，可打包成子 VI，这样子 VI 调用完，占用的栈中的内存空间及时完全释放，缺点是栈的空间有限，很有可能子 VI 的调用会占满，这常常只有到程序运行时才能检查到，比如出现些意外的动作或异常跳转，将所有代码放在顶层 VI 中，意思是程序中所有节点和分配的变量全部放在当前栈内存里面，程序执行结束时完成全部栈内存释放。但是栈的空间必须足够大才能支持装载那些内存分配。如定义分配了全局变量和局部变量，将当作静态全局变量来使用。静态变量分配到全局内存区，整个程序执行期间自始至终占据着，好处是在编译时就能知道硬件是否有足够内存空间来支持，全局和静态变量是首先装载到 SRAM 中的，放在堆区内存起始地址，向上朝栈区内存递增，自上电程序开始执行时始终占用着。

将数组和字符串当作动态内存分配来使用，是有必要的，从而使 LabVIEW 支持复杂的数据类型工作。动态内存分配使这些变量能按照编程者的意愿自动调整内存空间大小，动态内存装载在堆区。以数组为例来说明，如果某数组或节点增加了新元素，分配到数组变量的空间也随之递增，使用动态内存不太好的一面即是在编译时不知道是否有足够内存支持，假如程序在运行时没有足够 RAM 来供分配或调整变量空间大小，还可能引起程序行为异常，甚至导致程序全部瘫痪。动态内存却拥有良好的性能特点，如连接字符串、创建数组、LabVIEW 结构的自动索引等方面的支持。动态内存分配也有非确定性的趋势，这种时刻不太可能预测得到，内存池可能形成碎片，导致内存分配意外失败。当大量内存分配在大量的非持续性块上，即形成碎片化，滞留太多内存空间没被分配到，没被充分利用，大多实用场景都是如此。这样引发的后果是超出内存，导致分配出错。编译器会尝试着去侦测以免程序完全崩溃掉，然而，这种情形是出乎意料的。

总而言之，如果硬件没有足够内存供分配，程序是完全可能出现意外的，要么崩溃，要么莫名其妙地宕机。有意识地减少数组和字符串的使用，避免这种问题的发生是很重要的。

5. 内存优化

另一项重要概念是尽可能多地重用已声明的变量，不要对每个函数的输入输出变量重新复制创建，这称作本地优化。

当产生的输出数据连到一个算法、函数的输入变量上重写多次，且处于相同的内存空间，此时才体现出本地优化。相反的情形是另创建变量分开装载数据，很显然程序执行期间这项技术是如何保存到内存空间的，针对小型硬件产品，这是值得关注的，碰到大型数组，这种情形如果没考虑使用本地优化，硬件内存资源很快就会被耗尽。

"Arduino LabVIEW 嵌入设计编译器"本身按照通用规则做了本地优化，首先通过一个简单的初始化例子来阐述这方面内容。

如图 1 - 21 所示，该示例初始化创建了 20 个 I32 数据类型的数组，输出连到加法函数的输入端，即数组中每一元素加 10，这种情形因输入数组大小固定，编译器通过本地优化重用了输入数组内存，将其转成加法函数的输出数组变量的内存空间。在这个实例中，全部执行完只占用了开始创建的数组内存空间。

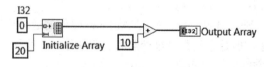

图 1 - 21　数组应用示例

如图 1 - 22 所示的数组复用示例，此程序框图跟上面相比，多了个加法函数，因有两个输出数组变量，中间有数组连线分支，此时程序执行期间就多了份数组复制到新的内存空间。按照 LabVIEW 语义规则，一个数组变量，其每根连线、每个分支均要内存消耗，编译器碰到这种额外复制情形是不太可能优化得了的。这是嵌入编程中相当重要的概念。因此，只有数组数量大小在整个执行过程没发生更改的情形才会有优化可能，如图 1-21 所示的数组应用例子中的加法函数数组输入端与输出数组变量没有元素数量变化，所以本地优化才能起作用。

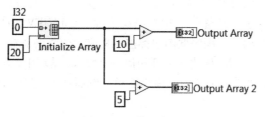

图 1-22　数组复用

在创建新数组（见图 1-23）VI 中，使用了合并连接两输入数组内容来实现，输出一维数组，输出数组大小是输入数组的总和，因此，本地优化在这也应用不上，因为输入与输出数组元素数量发生了变化。

图 1-23　创建新数组

现在，将上述内容加以延伸，在程序框图中缩减成一个特定的节点子 VI，如图 1-24 所示。

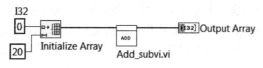

图 1-24　缩减成一个特定的节点子 VI

图 1-24 中的 Add_subvi.vi 子 VI 是程序框图的一部分，此 VI 接收数组输入，然后处理，最后形成单一数组输出。尽管输入数组进入子 VI 节点没有分支，但 Arduino 编译器不会做优化处理。也即是说，尽管子 VI 方便可读，可模块化，是 LabVIEW 编程常用的一种强大的方法，但带来的内存开销最终还是编译下载到 Arduino 硬件中。所以，这就需要编程者去全盘思考权衡，以便使应用程序模块化方便可读，从而在小小的 Arduino 硬件中执行起来又不会出错。

子 VI 的数组输入也可用全局变量来替代，这是嵌入编程中的常规用法。这样在函数和子例程中可将大数组当作全局变量来访问，在 LabVIEW 特定语义中，这种用法是完全对等的。很显然，编程人员需要相当小心处理其中潜在的竞争冲突，在此对用到全局变量的用户特别强调这一点。可参照软件中附带的例程：子 VI 中须先初始化全局变量才可访问数组，这时子 VI 也就不必使用连线接口。

最后一点，关于如何看待子 VIs 的优化是比较重要的，为了描述清楚，假定上面提到的例程 Add_subvi.vi 如图 1-25 所示。

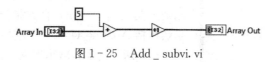

图 1-25　Add_subvi.vi

在这种情形下，子 VI 本地优化的基本原则是顺着框图进行的，图中的加法函数和加 1 函数节点连线没有分支，本地优化起作用了，整个框图程序中，数组创建操作处理只有单一内存复制了。概括地说，子 VIs 输入变量创建时复制了一份，用文本语言编程的话来说，在栈中（或是在堆中的数组和字符串中）创建了一个局部变量。从这点来看，本地优化的原则基于局部变量的使用，从子 VI 的最后输出来看，这份变量复制一定会释放处理的。

如图 1-26 所示展示了本地优化利用在结构上面，LabVIEW 中像 while 循环、for 循环、条件结构和平铺式顺序结构，在程序框图中都被定义成一个节点来看，因为它们都是一个包围式的框。LabVIEW 结构跟子 VI 优化的道理相似，上面 for 循环中，输入隧道变量先对数组常量复制创建，另一份复制来自 for 循环的输出隧道，然而在 for 循环中，那份单一输入数组复制，执行了所有操作。

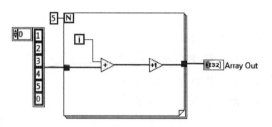

图 1-26　本地优化利用在结构

另外一种情形是在 for 循环的"N"总数接线端，for 循环内部引线如图 1-27 所示。

此时，编译器将额外创建一个变量来装载 N 值，放在 Digital API VI 声明的输入端，图 1-27 代码可由如图 1-28 所示的 for 循环来替代，功能是相同的。在此框图程序中，for 循环中重用装载了常量 10，并放在 Digital API VI 声明的输入端，避免了额外变量的创建使用，优化了内存利用率。

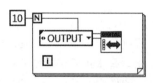

图 1-27　for 循环内部引线

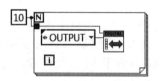

图 1-28　for 循环

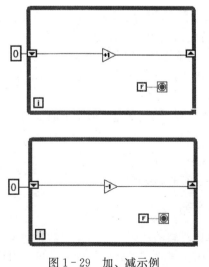

图 1-29　加、减示例

6. 并行循环和多线程

LabVIEW 及其图形化的编程方式是相当有利于并行处理的，实际上，并行编程即是 LabVIEW 优势之一，LabVIEW 编译器甚至可针对多核 CPU 编程，针对各核分配不同的线程。然而，对 Arduino 而言，上文提到，它是一款基于无操作系统的单片机硬件，并行计算和多线程在有操作系统的 CPU 平台架构下是很方便调度的，然而 Arduino Uno 是款小型 8 位单片机板子，本编译器原则上是支持 Arduino 官方指定的所有 Arduino 板子，当然包括 Arduino Uno，不支持并行循环机制，通过如图 1-29 所示的加、减示例来详述。

图 1-29 中两例子分布在两个独立的无限循环中运行，按照 LabVIEW 规则，是不需要添加循环停止条件的。假如两示例的 while 循环用本编译器来编译，由于

不支持多线程，编译完后实际是按顺序执行的，一个 while 循环全部执行完才接着执行下一个，但因为两 while 循环均是无限循环，所以最终只会执行一个 while 循环，另一个被完全禁止。由于 Arduino 硬件板不具备多线程，没有操作系统管理线程优先级内容，所以本编译器在这上面没起到作用，因此，两 while 循环哪个先执行是难以预料的，如果应用程序中需要多个循环，最好的方法是使用数据流来控制多个循环的执行，从而避免上述竞争冲突。

7. 中断编程处理

嵌入式硬件编程中一个最好用的功能是能够产生中断，这样使得编程人员能够创建中断处理器函数以供调用，一个中断是单片机硬件侦测到外部事件，需要立即处理的信号。中断告警是单片机的最高优先级请求，会中断当前单片机执行的代码，从而挂起当前执行程序，保存相关状态，即所谓的保护现场。响应中断，执行调用一个中断处理器函数（或为中断服务例程，ISR）处理事件，中断是临时性的，中断处理器工作完，恢复现场继续正常执行原先暂停挂起的程序，可参考 Arduino 板件文档，了解允许哪些中断，哪些引脚使能。

"Arduino LabVIEW 嵌入设计编译器"允许编程人员创建中断处理器，如图 1-30 所示的程序框图是附送的关于中断 VI 例程示范入门。

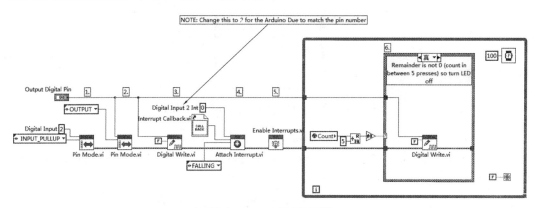

图 1-30　中断 VI 例程

程序中有个特殊的中断 API VI，也展示了其相关配置用法，使用了静态 VI 引用连线到 Attach Interrupt. vi 的输入端，这样使得用户能方便告知编译器哪个 VI 是作为中断处理器函数的。这种情形下，Interrupt Callback. vi 就是这么个中断处理器子 VI 函数，如图 1-31 所示展示了其中断框图源码。

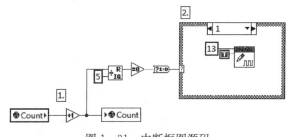

图 1-31　中断框图源码

在主 VI 和中断处理子 VI 之间通过全局变量来执行数据交换，是相当重要的一环。

例外情形：虽然尽了很大努力来使这款编译器充分发挥支持 LabVIEW 所具有的灵活性和可配置性，但还是有几个重要的不同之处需加以阐述。

8. 控件和显示控件禁止使用的字符

斜杠"/"和反斜杠"\"，还有":"、";"、"♯"和"&"，这些字符不能用于控件和显示控件的命名，它们是编译器的特殊字符，因此如下控件名称"X/Y"、"X\Y"、"X：Y"、"X；Y"、"X♯Y"和"X&Y"将会导致编译出错。

9. 非英文 LabVIEW 版本布尔条件结构

"Arduino LabVIEW 嵌入设计编译器"与 PC 机 LabVIEW 布尔条件结构之间有根本区别。英文 LabVIEW 版本布尔条件结构如图 1-32 所示。

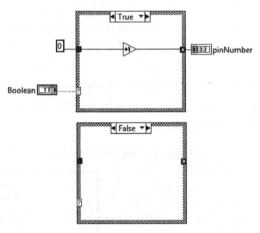

图 1-32　英文 LabVIEW 版本布尔条件结构

非英文 LabVIEW 版本，由于会将 True/False 翻译成本地语言，从而定义到条件结构的各判断帧上，导致编译出错，处理办法是将布尔判断转成数值判断，如图 1-33 所示，从而避免编译出错。

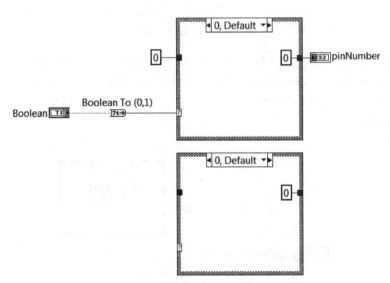

图 1-33　非英文 LabVIEW 版本布尔条件结构

从程序中可以看出是采用了一个"布尔值至（0，1）转换"函数，"0"选择框代表 False；"1"选择框代表 True。因此对于这种布尔条件判断，应该添加这个转换 VI。

10. 来自子 VI 的枚举条件语句连线

由于本编译器设计成条件结构的选择端只支持本框图中的枚举数据类型，不支持来自子 VI 的枚举数据类型输出连线，这样，如图 1-34 所示的程序将会导致编译出错。

有些场合的解决办法，可采取如图 1-35 所示的比较语句来实现。

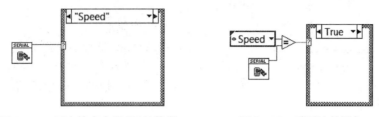

图 1-34 不支持来自子 VI 的枚举　　　　图 1-35 采用比较语句

11. 条件结构帧基数设置

如图 1-36 所示，LabVIEW 允许编程者通过右击"显示基数"选择各种进制。

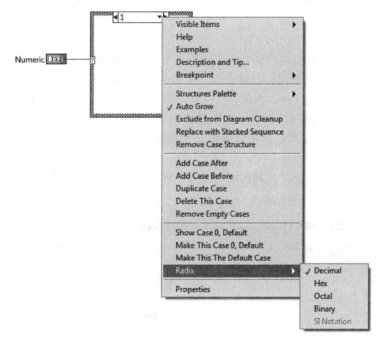

图 1-36 条件结构帧基数设置

这样方便编程者开关切换选择十进制、十六进制、八进制和二进制，但本编译器只支持十进制，当选择其他进制时，编译不会出错，但还是将条件帧中的数值作为十进制来看，这样会使程序执行超乎你的预测。

12. 密码保护子 VIs

"Arduino LabVIEW 嵌入设计编译器"不支持密码保护子 VIs，如果选用了这样的子 VI，编译会出错。

13. 字符串数组

"Arduino LabVIEW 嵌入设计编译器"不支持含有逗号的字符串数组，如果数组常量或字符串数组控件用于 VI 中时，必须确保字符串不包含逗号，这种情况编译不会出错，但有缺陷，存在风险。

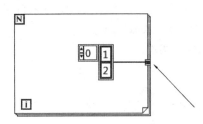

图 1-37　连接输出隧道

14. 连接输出隧道

如图 1-37 所示，PC 机 LabVIEW 开发，在循环输出隧道右击可选择隧道模式，其中"连接"模式在本编译器中不支持。

15. 全局变量的使用

全局变量在 Arduino 这种小资源硬件上，是种常用的强大方法，然而，因为全局变量打破了数据流编程习惯，因此有几点关于全局变量的不同使用情况需加以注意，第一种情形如图 1-38 所示。

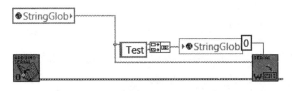

图 1-38　竞争冲突

从上面代码片断可以看出，全局变量连线用在节点的输入和输出，又并接在一个子 VI 的输入端，PC 机 LabVIEW 处理时，是将全局变量传递给子 VI，然后更新连接字符串函数的输出，但是本编译器中却不是这样，因为连接字符串函数和子 VI 之间没数据流依赖关系，因此没办法判断谁先执行谁后执行，如果连接字符串函数先执行，全局变量就被更新了，此时子 VI 执行时，所用的全局变量即是更新后的值，非原始连接字符串函数之前的值。这即发生了代码竞争冲突。

通常防止竞争冲突的方法，是利用顺序结构，确保数据流向顺序，在全局变量更新之前，赋值给子 VI，框图如图 1-39 所示。

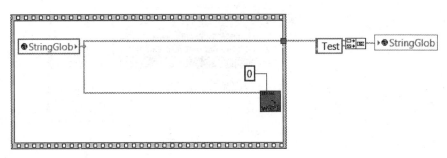

图 1-39　防止竞争冲突

第二种情形是发生在结构外全局变量的读取，如 for 循环、while 循环和条件结构语句等，然后又在结构内对相同的全局变量加以更新，如图 1-40 所示。

LabVIEW 在上位机上处理这种情形是不会更新全局变量值的，因为 while 循环新变量值创建保存在输入隧道上，没有连接到加 1 函数的输出端，本编译器实现了很严格的优化算法，试着减少硬件内存开销，此时输入隧道变量实际是全局变量自身，因为全局变量的复制从来没存入输入隧道变量当中，优化的结果是会持续对数值加 1，因为每次迭代全局变量的更新值和它的输入接收相同的全局变量，对于这种情形，解决方法很简单，将结构外的全局变量移进结构内就可以了。一般来说，当一个全局变量传递给一个结构的输入时，应注意避免这种情形

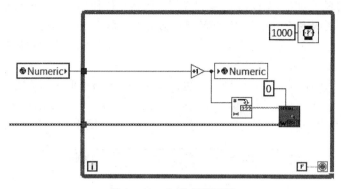

图 1-40　全局变量更新

发生。

16. 其他不支持的功能

对于有些特定节点，不支持的数据类型和功能请参阅相关函数的说明文档。

1.5　授　权　许　可

"Arduino LabVIEW 嵌入设计编译器"提供两种版本：个人家庭教育版和企业标配版。目前两个版本功能相同，均支持所配送的所有 VIs。关于产品支持的完整列表，请参阅产品用户手册。两个版本都只支持 LabVIEW 2014 及以上版本，家庭版只授权给个人、家庭或教育领域编程使用，标配版才允许用于商业场合，另外一个不同点是家庭版有个水印标记，Arduino LabVIEW 家庭版如图 1-41 所示，提醒用户此版本只面向家庭或学生。

图 1-41　Arduino LabVIEW 家庭版

家庭版特为创客运动而定制，个人项目爱好和院校集体使用，可考虑打折扣。标配版是为专业用户定制的，两版本均可在 LabVIEW 基础版和专业版上正常运行，只不过免费下载安装后允许有 7 天的评估周期，在此期间其功能与授权版本完全等同。当评估期限到时，用户将被提示输入购买许可证，以继续使用该工具。

"Arduino LabVIEW 嵌入设计编译器"也依赖于 Arduino IDE 1.5.7 或以上版本，安装时选择默认路径即可。本编译器运行前，可通过下面链接：https：∥www.arduino.cc/en/Main/Software。下载安装 Arduino IDE，如果没有安装，会弹出如图 1-42 所示的警示对话框。

图 1-42　警示对话框

1.6　移植 Arduino 库到 LabVIEW

"Arduino LabVIEW 嵌入设计编译器"附送了几个 Arduino 扩展板的 API VIs，可通过程序框图功能函数选板访问，本编译器自 1.0.0.17 版本以来，用户就能自己移植 Arduino 库，定制属于自己的 LabVIEW API VIs，添加函数库到 LabVIEW 当中，从而方便利用市场上廉价的 Arduino 扩展板，针对 Arduino 平台创建愈加复杂的 LabVIEW 应用程序。

对于这方面功能探讨可浏览官方论坛网站：www.geverywhere.com，鼓励大家在上面分享各自的功能 API VIs 库，相互促进。本文档现用一块 Digilent 公司的模拟量扩展板（请参考 http：∥www.digilentinc.com/Products/Detail.cfm？NavPath＝2，648，1261&Prod＝TI-ANALOG-SHIELD）作为例子来阐述 Arduino 库的移植过程。

这里假定开发人员的 C 语言至少处于中等级别水平，因为 Arduino 例子代码是库的一部分，需要逐行理解读懂 C 代码运作机理。

1. 安装 Arduino 库

如果在 Arduino 环境使用现成的函数，感觉良好，用户也许想扩展自己的 Arduino 能力，这就需要编辑 Arduino 库。

（1）库。

库是一些代码的集合，使用它会更容易连上传感器、显示屏和其他模块。比如液晶库就能很容易与字符型 LCD 屏交互显示，在互联网上有成百上千的库可供下载：https：∥www.arduino.cc/en/Reference/Libraries，要用上它们，就得添加，就必须事先进行安装。

（2）安装库。

为了安装一个新的库到 Arduino IDE 环境，可能要使用库管理器（需要 IDE 1.6.2 以上版本）。将 IDE 打开，单击主界面"项目"菜单，然后选择"加载库"→"管理库"，如图 1-43 所示。

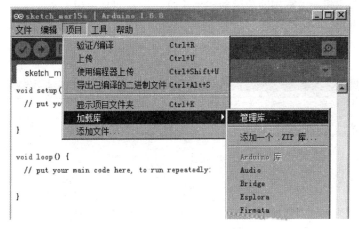

图 1-43　"加载库"→"管理库"

将库管理器打开后，你会发现一个已安装或没安装的库列表，首先尝试安装 Audio 库，可通过搜索或滑动鼠标滚动轮来寻找，然后选择你想安装的库版本，如图 1-44 所示。有时库只有一种版本，如果版本显示菜单没显示出来，不用担心，属正常现象。

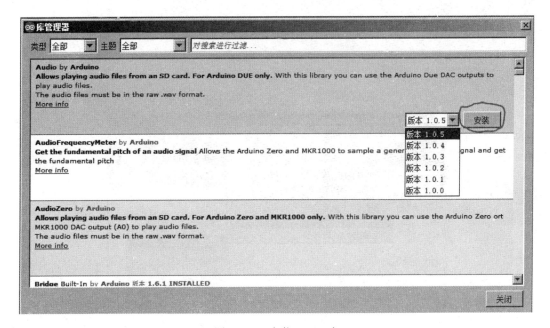

图 1-44　安装 Audio 库

最后单击"安装"，等待 IDE 安装这款新库，下载等待时间依赖于网络带宽连接速度，一旦下载完成，INSTALLED 标签应该紧连 Audio 库显示，如图 1-45 所示，此时可关闭库管理器。

现在本案例是要安装 analogShield-master 库，在库管理器中是搜索不到的，先到如下链接下载压缩文件包：https://github.com/mwingerson/analogShield。

（3）导入一个 .zip 库。

库经常以一个 ZIP 文件或文件夹的形式发布，文件夹名即是库名。文件夹中有一个 .cpp

文件、一个 . h 文件和一个常用的关键词 . txt 文件，例程和其他相关文件库是有必要提供的。

1）打开 Arduino IDE 主界面。如图 1 – 46 所示，执行"项目"→"加载库"→"添加一个 . ZIP 库"命令。

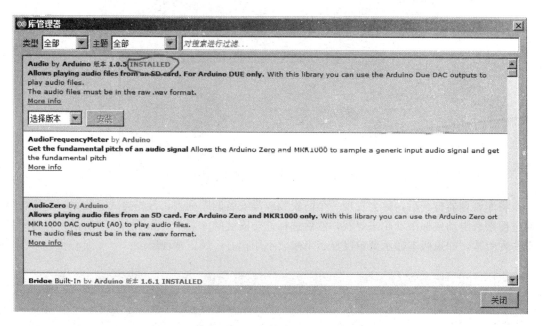

图 1 – 45　安装完 Audio 库

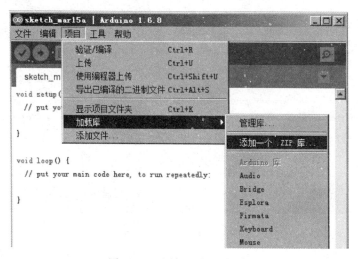

图 1 – 46　添加一个 . ZIP 库

2）在弹出的对话框中，选择刚下载的 analogShield – master. zip 压缩文件，如图 1 – 47 所示，单击"打开"按钮。

3）现在返回到 IDE 主界面菜单，单击主界面"项目"菜单，然后执行"加载库"→"管理库"命令，查看库文件，如图 1 – 48 所示，能搜索到 analogShield – master 库已安装上了。

4）另切换到 IDE 主界面菜单，单击"文件"菜单下的"示例"，如图 1 – 49 所示，能看到相关 analogShield – master 的例子。

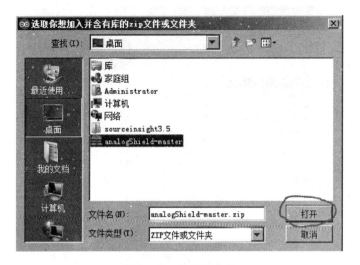

图 1-47　选择库文件

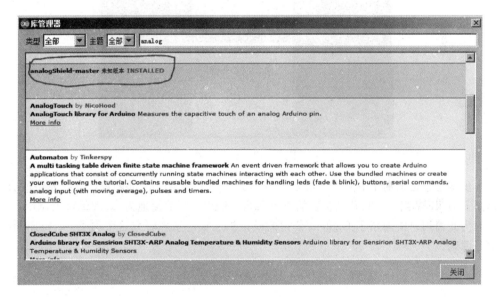

图 1-48　查看库文件

如果在相应子菜单中没看到这些内容，可将 Arduino IDE 关闭再重新启动，如果还是没解决你的问题，那就是库没有完全安装好，需要重新阅读上面内容，再操作一遍。

接下来就是对这些范例进行实际功能验证，因为这里面调用到的库都是开源的，确保在硬件上运行无误，在 Arduino IDE 中优先移植这些到 LabVIEW 编译器中，不要忽略对这些工作的描述，这是很重要的，因为最终它们节省了你很多宝贵时间。

2.　识别移植的函数

如果上面步骤完成，接下来要识别出库中哪个函数要移植，供 LabVIEW 调用，这需要对 C 语言熟悉，因为库中例程代码需要清楚理解。

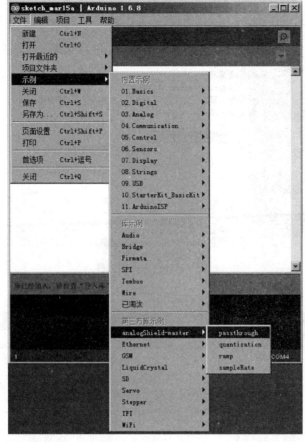

图 1 - 49　查看示例

　　本步骤思想是识别库中哪个函数是 API 函数，哪个是 API 内部函数，没必要将所有函数移植到 LabVIEW 当中，只移植主要的 API 函数，能更清晰简捷地为 LabVIEW 所调用。

　　因为此篇用户指南用了 Digilent 公司的模拟扩展板，先来研究这个例子——passthrough，下面是源码。

```
#include <analogShield.h>        //Include to use analog shield
#include <SPI.h>                 //required for ChipKIT but do not affect Arduino
void setup()
{
    //no setup
}
unsigned int count=0;
void loop()
{
    count=analog.read(0);        //read in on port labeled 'IN0'
    analog.write(0, count);      //write out the value on port labeled 'OUT0'
}
```

　　上面代码思路是读取模拟输入通道 0，将其值赋给"count"变量，然后将"count"变量值传给模拟输出通道 0。很明了，只有两个 API 函数：analog. read（）和 analog. write（）。

下面看看第二个例子：quantization。源码如下。

```
# include <analogShield.h>        //Include to use analog shield
# include <SPI.h>                 //required for ChipKIT but do not affect Arduino
void setup()
{
    //no setup
}
unsigned int value, Out0, Out1, Out2, Out3;
void loop()
{
    //Read the signal in from port IN0, store in 'value'
    value=analog.read(0);
    //Output quantization:
    // "AND" the 16-bit data with masks containing ONES for bits of the original that
//will pass through
    //while ZEROES for bits remove information for those bits, effectively reducing the
//ADC resolution
    Out0=value;                    //Out 0=16 bit, full resolution (2^16=65,536 quantiza-
                                         tion levels)
    Out1=value&0xFC00;             //Out 1=6 bit (2^6=64 quantization levels)
    Out2=value&0xF000;             //Out 2=4 bit (2^4=16 quantization levels)
    Out3=value&0xC000;             //Out 3=2 bit (2^2=4 quantization levels)
    //write the data back out.Remember, writing 4 channels out takes nearly 4x as long!
    analog.write(Out0,Out1,Out2,Out3, true); //takes 50μs
    //analog.write(Out1); //faster one channel——reading is the longest part, but this
//only takes 30μs
}
```

上面代码执行了模拟量读取，将值放入 value 变量中，另有 4 个其他变量 Out0～Out3，它们均作为 analog. write（）函数中的参数，与上例相比，用了同样的 analog. read（）函数，但使用 analog. write（）函数时，结构不一样，用了 4 个变量和一个布尔参数作为输入，上例指定了一个通道和一个变量值。不同的 API 函数构造，可以有它的每一个多重结构，做成一个单独的 LabVIEW API VI，后面会提到。

现在来评估一下这两个案例，通常库中会有两个文件："."h"和".c"或".cpp"文件。这些 C 文件的解释分析这里略去，本案例中是"analogShield. cpp"文件。

移植到 LabVIEW 中的"."c"文件实现 API 功能，需要提取其参数列表、响应的数据类型，以此才能将 API VIs 接线端镜像匹配到参数列表，明白这种实现机制是相当重要的。

通观 analogShield. cpp 文件，能够很清楚地得出下列函数应是移植到 LabVIEW 当中的 API 函数：Read、Signed Read 和 write。其中 write 函数有个附加说明，记得前面两例程 write 函数具有不同的结构，其实通览此源码，write 函数有 4 个不同的结构：单通道、双通道、三通道和四通道。如上所述，每种结构都要做成一个独立的 API VI，因此，每种结构中的参数列表都需要加以清晰理解。

通常 LabVIEW 均有打开、关闭 VIs 功能，用于初始化、释放各自的内存，保持这种机制是种比较好的习惯，将 API VI 放在打开、关闭 VI 之间，虽然有点延迟，但思路比较清晰，现在将注意力全部投向 LabVIEW 移植这一边。

综上所述，Digilent 公司的模拟扩展板 API VIs 有：Open、Read、Signed Read、Write、Write Two Channels、Write Three Channels、Write Four Channels 和 Close。

API 函数中的参数最终决定 LabVIEW API VIs 接线端口映射，参数表从".c"和".h"文件中提取，依赖于 API 函数实现的编码情形。

这个案例函数实现在"analogShield.cpp"，函数原型提取列表如下，从这些函数中选择每个参数接口到 LabVIEW。

```
unsigned int analogShield::read(int channel, bool mode)

int analogShield::signedRead(int channel, bool mode)

void analogShield::write(int channel, unsigned int value)
//This is the construct used for Write API VI

void analogShield::write(unsigned int value0, unsigned int value1, bool simul)
//This is the construct used for Write Two Channels API VI

void analogShield::write(unsigned int value0, unsigned int value1, unsigned int value2,
bool simul)
//This is the construct used for Write Three Channels API VI

void analogShield::write(unsigned int value0, unsigned int value1, unsigned int value2,
unsigned int value3, bool simul)
//This is the construct used for Write Four Channels API VI
```

至此，已准备妥当，开始要在 LabVIEW 中工作了。

3. 创建 LabVIEW API VIs

目前已确定所有需要创建的 API VIs，也确知其相关参数表，这时就可实际操作了。本编译器识别一个 VI 是否为原始 VI，是看其是否有密码保护，如果有密码保护，本编译器不对其子 VI 内容进行解释，将其看作 C 代码来执行。

因为是从 Arduino 库中的 C 代码去移植，所以绑定后的 LabVIEW 原始 VI 也应产生这些代码，所以 LabVIEW API VIs 需要密码保护。

第 2 部分说到，每个函数 API 需要创建成 LabVIEW API VI，然而每个这种 VI 都要有个连接面板与 API 函数参数列表中数据类型相匹配。

通过一个例子来详述一下，以 Write Four Channels API VI 为例，为叙述方便起见，它的函数复制如下。

```
void analogShield::write(unsigned int value0, unsigned int value1, unsigned int value2,
unsigned int value3, bool simul)
//This is the construct used for Write Four Channels API VI
```

函数包括 4 个无符号整型参数 value0，value1，value2，value3 以及 1 个布尔参数 simul。没有返回值，只有输入，没输出参数。与之对应，元素相匹配而创建的 LabVIEW VI 需要密码保护，Digilent APIs 使用的密码是 template，前面板对象设置如图 1 - 50 所示。

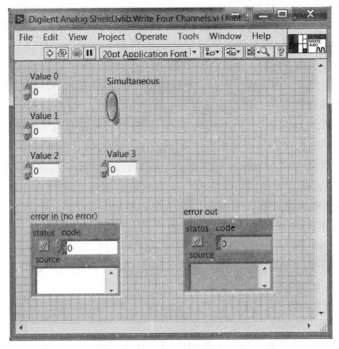

图 1 - 50　前面板对象设置

浏览一下 VI 程序框图（见图 1 - 51），真正只映射 API 函数的输入和输出接口参数。重要的是，要清楚 C 函数参数具体对应哪种前面板数据类型控件。另外强调一点，不管原函数有没有错误参数，均要在连接面板上将错误簇连上。

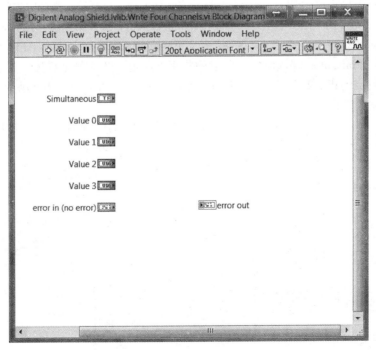

图 1 - 51　VI 程序框图

本节已经详述了错误簇的特殊用途：它被编译器忽略，只起着数据流编程的连线顺序作用。因此，确保 LabVIEW API VIs 在输入输出连接器上添加错误簇很重要，可方便编程数据流向连线。

其他 LabVIEW API VIs 也需要映射对应好函数列表中各参数，密码是"template"。将整个过程复制了一份放在如下路径："［LABVIEW 路径］ \ vi. lib \ Aledyne - TSXperts \ Arduino Compatible Compiler for LabVIEW \ addons \ Digilent Analog Shield"，打开每个 LabVIEW API VI，跟原始 C 代码函数比对一下各自连接面板数据类型，可加强理解。

注意：保存在 Arduino IDE 库当中的 Digilent 公司模拟扩展板那一整套 API，要移植到本编译器中被 LabVIEW 正常调用，需要用户以库的形式管理，全部 API VIs 放在如下路径：［LABVIEW 路径］ \ vi. lib \ Aledyne - TSXperts \ Arduino Compatible Compiler for LabVIEW \ addons。这样才能被编译器识别，匹配到对应 C 代码，然后才能被 Arduino 代码显示工具显示出来，此工具将在本章第 5 部分中讲解。特意指出这方面很重要。

4. 使用 LabVIEW 库模板

Arduino LabVIEW 嵌入设计编译器安装好后，在如下路径会找到库模块：［LABVIEW 路径］ \ vi. lib \ Aledyne - TSXperts \ Arduino Compatible Compiler for LabVIEW \ addons \ Template，使用模板会简化整个移植工作过程。

本模板包含以下组件。

(1) LabVIEW 库。里面包含所有 API VIs。

(2) Translator. vi。创建的 API VIs 能对应到 C 代码函数，全依赖它。

(3) Add 和 Subtract。这两个 VIs 是作为示范案例创建的。有密码保护，以便编译器识别，当作 Arduino APIs 来看待。密码是"template"。

(4) Test. vi。用于测试 Add 和 Subtract API VIs 的实现执行情形。

(5) libraries。Arduino 库复制的位置，或用于存放用户特定用途的".c"和".h"文件，"Arduino LabVIEW 嵌入设计编译器"会在此自动安装任何库，这样第 1 部分中的库安装过程其实是可以不需要的。但为了确保库能在 Arduino IDE 中正常执行，按照第 1 部分去手动安装，是比较好的习惯。本模板这里只有一个".h"文件，是为了移植实现 Add 和 Subtract API VIs 而用的。

上文提到，Translator. vi 起着实际映射的作用，通过一个实例来描述一下它是如何工作的。前面步骤已经创建了 LabVIEW API VI：Write Four Channels. vi，需要映射对应到的原生 C 函数有 5 个输入参数。

首先从模板中打开 Translator. vi，然后在中间条件结构中，从库中为每个 LabVIEW API VI 创建添加条件分支，本例程针对 Digilent Analog Shield. lvlib，创建的内容如图 1 - 52 所示。

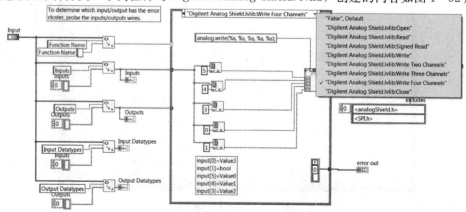

图 1 - 52　创建的内容

输入输出参数的映射在每个条件分支内，按照这种方法将 LabVIEW 前面板上控件对应的连接面板顺序与 C 函数参数顺序一一对应。

上面框图程序中 Write Four Channel 条件分支内程序，意味着编译器一旦遇到这个 VI，就转成使用原生 C 代码，即下面内容。

```
analog.write(unsigned int value0, unsigned int value1, unsigned int value2, unsigned int
value3, bool simul);
```

需要在条件分支中定义"analog.write（%s，%s，%s，%s，%s）;"这种格式，每个"%s"代表 LabVIEW VI 控件名称，它们合并成数组，再按序提取对接。因为 analog.write 没有输出参数，所以不会映射到 LabVIEW API VI 连接面板的输出端口上，本案例程序可不必考虑"Outputs"输出数组内容。

但是怎样才知道数组元素已正确映射到 C 函数中各参数？要回答这个问题，就需要介绍一个新工具——Arduino 代码显示工具，"Arduino LabVIEW 嵌入设计编译器"是从 1.0.0.17 版本才开始添加进来的。

5. 代码显示工具

为了确保 Arduino 库整个移植过程正确无误，且直观方便，才在编译器中新添了这个工具，可通过菜单访问代码显示工具，如图 1-53 所示。

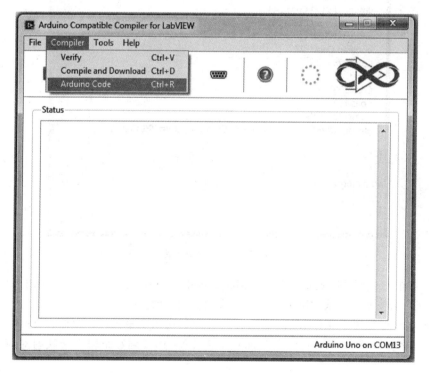

图 1-53 访问代码

要查看 Arduino 代码的产生过程，是将接口封装好的库 VI 编译获取的。首先需要创建一个命名为"test"的 VI 进行测试，将你想要验证的 API VI 拖进来，各输入输出端口赋值好，然后保存。如图 1-54 所示进行 Write Four Channels VI 的连线。

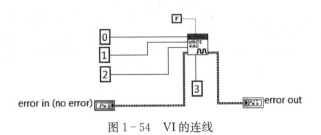

图 1 - 54　VI 的连线

打开"Arduino LabVIEW 嵌入设计编译器",将刚创建的 test VI 装载进去,然后通过编译器菜单选择"Arduino Code",这时就会弹出 C 代码显示窗口,本案例显示内容如图 1 - 55所示。

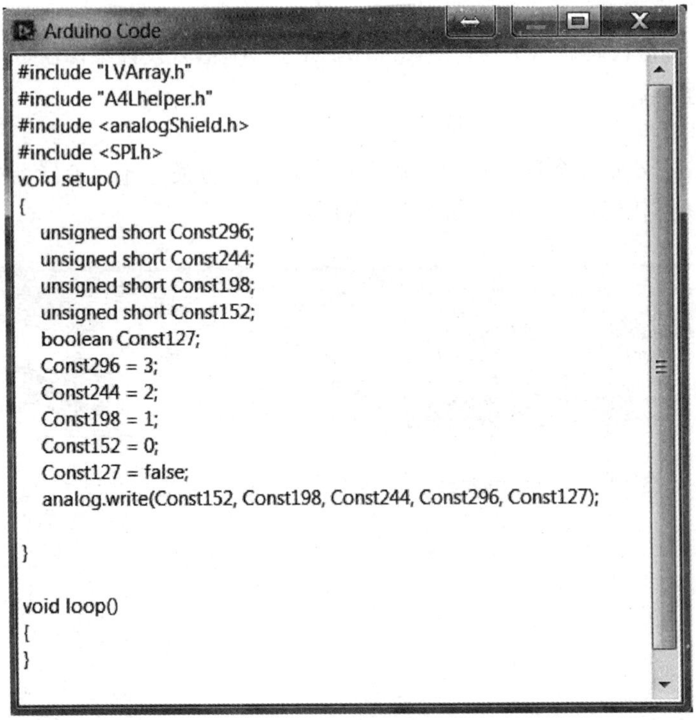

```
Arduino Code

#include "LVArray.h"
#include "A4Lhelper.h"
#include <analogShield.h>
#include <SPI.h>
void setup()
{
    unsigned short Const296;
    unsigned short Const244;
    unsigned short Const198;
    unsigned short Const152;
    boolean Const127;
    Const296 = 3;
    Const244 = 2;
    Const198 = 1;
    Const152 = 0;
    Const127 = false;
    analog.write(Const152, Const198, Const244, Const296, Const127);

}

void loop()
{
}
```

图 1 - 55　C 代码显示窗口

图 1 - 55 的 C 代码片断展示了在 Translator. vi 中为 Write Four Channels API VI 而定义的变量,VI 条件分支语句里从"Input"数组导出的各元素均已声明。

从上面内容可看到,该工具输出了所有声明的 C 代码变量片段,也即在 Translator. vi 条件判断结构语句内,针对 Write Four Channels API VI 连线到数组输入端映射对应的各元素参数。

为了区分是哪个输入连线上的无符号整型常量,这里特地用了不同的数值,以方便函数各参数调用,容易显示清楚。LabVIEW 与 C 代码正确顺序对应如下:Value 0——Const152;Value 1——Const198;Value 2——Const244;Value 3——Const296;simultaneous——Const127。这些顺序对应关系一旦有错,应该能发现得了的,从而切回 Translator. vi 中对数组输入索引值匹配顺序进行修正。

如果通过编译器菜单对 test VI 编译产生的 C 代码满足预测结果，成功感是相当强的。也即在 Translator. vi 中添加的条件内容均是能被编译的，多加练习就能明白 C 代码与 LabVIEW VI 的数据类型映射对应关系。如果编译出错，也能从条件语句中查找出来。

当然也可直接将上面 Translator. vi 截图内容复制照抄下来，查看编译各个 API VI 的 C 代码显示内容，如果有兴趣也可放在 Arduino IDE 中编译试试。

使用输入/输出数组数据类型参数是比较特殊的，LabVIEW 数组要在高级的 C++ 类中实现处理，于是装载了"［LABVIEW 路径］\ vi. lib \ Aledyne‐TSXperts \ Arduino Compatible Compiler for LabVIEW \ Arduino Libraries \ LVArray \ LVArray. h"这个头文件，通常在 C 代码中，对 Translator. vi 的要求是，要么索引数组的某个特定元素，要么获取数组大小，要么获取数组指针，假如以 Array123 数组为例来调用，第 10 个元素使用 Array123［10］语法来索引，数组大小用 Array123. size（）来表示，数组指针用 Array123. ptr（）来表示。这些是必须要掌握的，针对数组 C++ 方法调用的完全列表可参阅 LVArray. h 头文件。

另一点需要提醒注意：代码显示工具只能用于创建库 API VI 的测试，不能用于平常 VI 调用的编译，否则提示出错，因此确保这个 test VI 仅是单个 API VI 赋值才允许的。

6. 测试 API VIs

将所有 LabVIEW API VIs 测试无误后，最好的方法是，照着从 Arduino 库中附送的范例重新实现验证一遍，在"Arduino LabVIEW 嵌入设计编译器"中使用你新创建的 API VIs 来实现。

运行范例程序，确保结果完全无误。一旦使用库中创建的 API VIs 将例子功能验证后，才可将其发布出去。

第2章 编 译

2.1 Arduino LabVIEW 的编译选板

Arduino LabVIEW 编译选板如图 2-1 所示。

图 2-1 编译选板

用户可从"Arduino LabVIEW 嵌入设计编译器"中调用此 API，可编程定制编译下载 VIs 到用户接口。也可通过命令行接口来调用，从而实现其他编程语言的接口编译。

2.2 编 译

编译选项如图 2-2 所示。

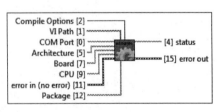

图 2-2 编译

Compile VI 调用"Arduino LabVIEW 嵌入设计编译器"时，要么只是编译，要么编译并下载指定的 VI 到 Arduino 硬件板上。如果板上有多款 CPU，那么就要在 CPU 连线上声明。大部分板件只有一个 CPU，其连线上保留为空即可。

（1）Compile Options。数据类型是枚举型，指定是编译还是编译并下载到板件上。

（2）VI Path。指定编译（或下载）到板件的 VI 路径。

（3）COM Port。数据类型是字符串 abc，指定 Arduino 板的串行接口。

（4）Architecture。数据类型是字符串 abc，指定 Arduino 内核架构：AVR 或 SAM。

（5）Board。数据类型是字符串 abc，指定 Arduino 板为下列某款型号。

Yun；Uno；Diecimila；Nano；Mega；MegaADK；Leonardo；Micro；Esplora；Mini；Ethernet；Fio；BT；LilyPadUSB；Lilypad；Pro；Atmegang；RobotControl；RobotMotor；arduino_due_x_dbg；arduino_due_x。

（6）CPU。数据类型是字符串 abc，如果板件上含有多款 CPU，指定其型号。如果为一款，保留为空。可参照编译器对话框的"Board"菜单，有多款 CPU 的可能包含下列型号。

ATmega328；ATmega168；ATmega8；ATmega2560；ATmega1280；16MHz ATmega328；8MHz ATmega328；16MHz ATmega168；8MHz ATmega168。

（7）Package。数据类型是字符串 abc，供应商的标识（包含在硬件路径方向的第一级文件夹），默认 Arduino 板使用 arduino。

（8）error in。在 Arduino 硬件上错误连线只被用于编程时的数据流控制，错误簇中的数据不能用于读写，只能用于帮助数据流控制，因为簇数据类型在本编译器中不支持。

（9）status。数据类型是字符串 abc，编译和/或下载完后提供的状态信息。通常为编译后的物理空间大小，如果出错，返回详细出错信息，描述在 error out 终端。

（10）error out。在 Arduino 硬件上错误连线只被用于程序编程时的数据流控制，错误簇中的数据不能用于读写，只能用于帮助数据流控制，因为簇数据类型在本编译器中不支持。

2.3 命 令 行

命令行窗口如图 2-3 所示。"Arduino LabVIEW 嵌入设计编译器"中的"alvcompiler. vi"，路径为"〔LabVIEW〕\ vi. lib \ Aledyne-TSXperts \ Arduino Compatible Compiler for LabVIEW \ alvcompiler. vi"，调用它时产生命令行提示窗口：

＞" C：\ Program Files（x86）\ National Instruments \ LabVIEW 2014 \ labview. exe" "... \ Arduino Compatible Compiler for LabVIEW \ alvcompiler. vi" —— 〔compile | download〕〔- arch architecture〕〔- board BOARDTYPE〕〔- cpu CPUTYPE〕〔- port PORTNAME〕〔- path FILE. vi〕

或从 LabVIEW 安装路径方向：

C：\ Program Files（x86）\ National Instruments \ LabVIEW 2014＞labview. exe "... \ Arduino Compatible Compiler for LabVIEW \ alvcompiler. vi" —— 〔compile | download〕 〔- arch ARCHITECTURE〕〔- board BOARDTYPE〕〔- cpu CPUTYPE〕〔- port PORTNAME〕〔- path FILE. vi〕

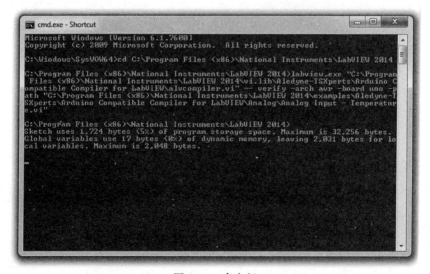

图 2-3 命令行

（1）compile or download。指定只编译或编译并下载。

（2）—package。指定供应商标识（在硬件路径方向内第一级文件夹），Arduino 类板件默认都是 arduino。如果没特殊指定，就使用 arduino。

（3）—arch。指定内核架构：avr 或 sam。格式举例：—arch avr。

（4）—board。实际使用的板件。例如：uno 代表 Arduino Uno，diecimila 代表 Arduino Duemilanove 或 Diecimila，mega 代表 Arduino Mega。格式举例：—board uno。具体型号包括：yun，uno，diecimila，nano，mega，megaADK，leonardo，micro，esplora，mini，ethernet，fio，bt，LilyPadUSB，lilypad，pro，atmegang，robotControl，robotMotor，arduino_due_x_dbg，and arduino_due_x。

（5）—cpu。指定板件的 CPU 型号。跟指定的板件有关，除非板件有多款 CPU 型号。参照"Arduino LabVIEW 嵌入设计编译器"中的"Board"菜单。比如 Arduino Nano 板就应该选择 Mega168 型号，即：—cpu atmega168。

具体型号包括：atmega328，atmega168，atmega8，atmega2560，atmega1280，16MHzatmega328，8MHzatmega328，16MHzatmega168，8MHzatmega168。

（6）—port。指定使用的串口。要下载设置，这是必须的。格式如下：—port COM1。

（7）—path。指定编译或下载的 VI 路径。格式如下：—path [FILEPATH].vi。

注：命令字符串中的命令顺序并不重要。

完整格式举例：

labview.exe " C：\ Program Files（x86）\ National Instruments \ LabVIEW 2014 \ vi.lib \ Aledyne-TSXperts \ Arduino Compatible Compiler for LabVIEW \ alvcompiler.vi" ——verify -arch avr -board uno -path " C：\ Program Files（x86）\ National Instruments \ LabVIEW 2014 \ examples \ Aledyne-TSXperts \ Arduino Compatible Compiler for LabVIEW \ Analog \ Analog Input-Temperature.vi"

第3章 结构选板与数组选板

3.1 Arduino LabVIEW 的结构选板

如图 3-1 所示，在 Arduino LabVIEW 嵌入式设计中，结构选板包含 For 循环、While 循环、条件结构、平铺顺序结构、程序框图禁用结构等 LabVIEW 构件，只有编译器选板目录下的结构才能编译发布到 Arduino 硬件中，其他选板下的结构不识别，会导致编译出错。

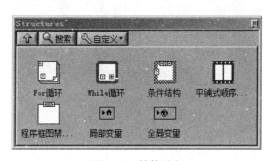

图 3-1　结构选板

（1）For 循环。不建议在自动索引输出选择"连接"隧道模式，因为这太耗内存，拖延处理时间。推荐使用小型移位寄存器，不要用大型数组，使用多份内存拷贝的场合可考虑移位寄存器。

（2）While 循环。不建议在自动索引输出选择"连接"隧道模式，因为这太耗内存，拖延处理时间。推荐使用小型移位寄存器，不要用大型数组，使用多份内存拷贝的场合可考虑移位寄存器。

（3）条件结构。条件结构的输出设定不能用"未连线时使用默认"，所有输出必须连线，否则编译出错。

（4）平铺式顺序结构。

（5）程序框图禁用结构。禁用框图内任何代码没有编译部署到 Arduino 硬件中。

3.2 Arduino LabVIEW 的变量

1. 局部变量

在 Arduino 硬件中，局部变量当作全局变量来使用，所以尽量限制使用。

2. 全局变量

在 Arduino 硬件中使用中断是中断和主 VI 之间唯一一种共享数据的方法。需要提醒的是，全局变量在项目编程中，首先要进行写操作，才能触发激活它，如果全局变量创建了，在整个工程代码内首先对它进行读操作，编译会出错。

3.3 Arduino LabVIEW 的数组选板

如图 3-2 所示，Arduino LabVIEW 的数组选板包含数组大小、索引数组、替换数组子集、初始化数组、数组最大值与最小值、一维数组排序、搜索一维数组、反转一维数组、一维数组移位、数组常量、创建数组等组件，只有编译器选板目录下的组件才能编译发布到 Arduino 硬件当中，其他选板下的组件不能识别，导致编译出错。当前版本只支持一维数组，强烈建议在小型 Arduino 硬件上（比如 Arduino Uno 这种只有 2K RAM 空间的硬件）不要使用数组函数。

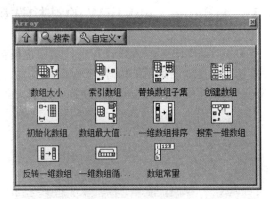

图 3-2 数组选板

数组是使用动态内存分配来实现的，如果内存耗用完，我们是不知道的，直到运行时才能确知。在这种情况下，程序开始启动时没有规定，假如内存超限了，也没有办法判断。当程序运行时，可使用实用工具选板中的 Check Unused RAM. vi 来获知剩余多少 RAM 空间。

不要使用创建数组 VI。因为使用后程序变慢，数组动态分配后相当占用 Arduino 硬件内存，也因为不支持二维数组，所以数组输入后只能是连接输入项功能。

第4章 数　　　　值

数值选板包含数字选板、数据操作选板、字符数据转换选板、数学常数选板等组件，只有编译器选板目录下的组件才能编译发布到 Arduino 硬件中，其他选板下的组件不能被识别，导致编译出错。

4.1　Arduino LabVIEW 的数值选板

1. 数字选板

数字选板（见图 4-1）包括加、减、乘、除、商与余数、加 1/减 1、数组元素相加、数组元素相乘、复合运算、绝对值、最近数取整、按 2 的幂缩放、平方根、平方、取负数、倒数、随机数（0-1）、数值常量、枚举常量等 LabVIEW 构件。

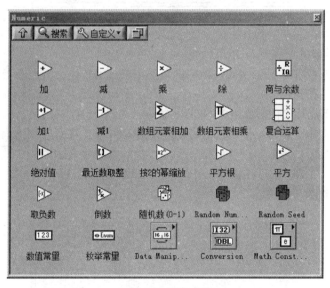

图 4-1　数字选板

加 1/减 1 构件的输入端使用枚举数据类型不会往回卷。举例来说，假如输入为枚举列表最后选项，其数值是 3，加 1 后，在 PC 机端的 LabVIEW 是 0，但在 "Arduino LabVIEW 嵌入设计编译器" 中却是输出为 4，同样情形也适合于减 1 场合。不推荐使用枚举数据类型用于算术函数。

复合运算的构件的反转输入/输出不支持，请使用单独非门替代。

按 2 的幂缩放构件函数在 PC 机端 LabVIEW 运算有个 Bug，举例来说，在两输入连接整型的一半，它会被 LabVIEW 取整处理，如图 4-2 所示，将 1.5 连线输入端，本来取整结果应该是 $1.5 * 2^2 = 6$，但是 LabVIEW 却做了如下运算 $2 * 2^2 = 8$。

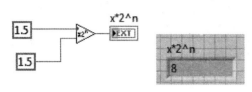

图4-2　LabVIEW取整处理

本编译器对此函数已经纠正实现了，所以图4-2的运算在Arduino端结果应该是6。但常规情形是n输入端连接整型数据类型。

2. 数据操作选板

数据操作选板（见图4-3）包括带进位的左移、带进位的右移、循环移位、逻辑移位、拆分数字、整数拼接、交换字节、交换字、二进制与BCD数转换等构件。

图4-3　字符数据转换选板

3. 字符数据转换选板

字符数据转换选板（见图4-4）包括字符串至字节数组转换、字节数组至字符串转换等构件。

在Arduino中不能替代任何数组中NULL（0x00）字节，这将引起字符串转换提前中止，不要使用这个函数来转换NULL字符。

4. 数学常数选板

数学常数选板（见图4-5）包括Pi、Pi乘以2、Pi除以2、Pi的倒数、Pi的自然对数等构件。

图4-4　字符数据转换选板

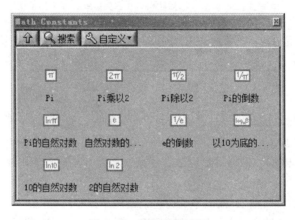

图4-5　数学常数选板

4.2 确定范围的随机数

如图 4-6 所示，在规定最小值和最大值之间产生伪随机数。

图 4-6 确定范围的随机数

（1）min。随机数的下限，包含。

（2）max。随机数的上限，不包含。

（3）Random Number。下限和（上限-1）之间的一个随机数。

4.3 随机数种子

seed。初始化伪随机数发生器。

如图 4-7 所示，随机数种子 Random Seed VI 初始化 Arduino 伪随机数发生器，在随机序列中，通过设定种子，在任意点开始发生，这个序列很长、随机，

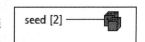

且总是相同的。在相当自由随意的输入场合，通过 Random Seed. vi 来初始化随机数发生器。而由 Random Number In Range. vi 产生的 序列数值是不同的，这点很重要。如没连线的 Analog Read. vi。另 外伪随机序列偶尔也是有用的，完全可替代。通过在 Random Seed. vi 输入一固定数值来产生。

图 4-7 随机数种子

5.1 布 尔 选 板

布尔选板（见图5-1）包含与、或、异或、非、复合运算、与非、或非、同或、蕴含、数组元素与操作、数组元素或操作、布尔值至（0，1）转换、真常量、假常量等LabVIEW组件，只有编译器选板目录下的组件才能编译发布到Arduino硬件中，其他选板下的组件不能被识别，导致编译出错。

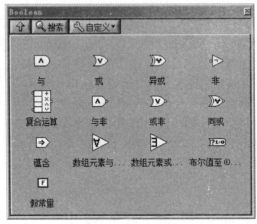

图5-1 布尔选板

复合运算组件的反转输入/输出不支持，请使用单独非门替代。

5.2 字 符 串 选 板

字符串选板（见图5-2）包含字符串长度、连接字符串、截取字符串、匹配模式、转换为

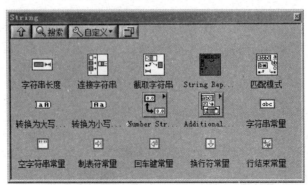

图5-2 字符串选板

大写字母、转换为小写字母、数值至十进制数字符串转换、数值至小数字符串转换、十进制数字符串至数值转换、分数/指数字符串至数值转换、字符串移位、反转字符串等 LabVIEW 组件，数值至十进制数字符串转换、数值至小数字符串转换、十进制数字符串至数值转换、分数/指数字符串至数值转换位于字符串转换子选项板中，如图 5-3 所示。

图 5-3 字符串转换子选板

字符串移位、反转字符串位于附加字符串子选项板中，如图 5-4 所示。

（1）十进制数字符串至数值转换，数字后偏移量输出总是返回 0。缺省输入值只被用于分配输出的数据类型，其值不参与转换过程。如果转换输出值超出数据类型所规定上限，不像 PC 机 LabVIEW 中那样被限制，它将回卷（例如，输入字符串为"256"，缺省数据类型为 U8，输出将是 0，而非 255）。

图 5-4 附加字符串子选项板

（2）分数/指数字符串至数值转换时，"使用系统小数点"输入端忽略不计。"数字后偏移量"输出端口总是返回 0。缺省输入值只被用于分配输出的数据类型，其值不参与转换过程。如果转换输出值超出数据类型所规定上限，不像 PC 机 LabVIEW 中那样被限制，它将回卷（例如，输入字符串为"256.0"，缺省数据类型为 U8，输出将是 0，而非 255）。

5.3 布尔至字符串转换

如图 5-5 所示，Boolean to String VI 这个 VI 转换一个布尔输入变量为一个字符串，用 0、1 代替布尔值。

图 5-5 布尔至字符串转换

（1）Boolean Input。转换成字符串的布尔值。
（2）Boolean 0，1。转换而成的字符串。"0"或"1"代替输入布尔值。

5.4 字符串替代

如图 5-6 所示，String Replace VI 这个 VI 允许用户用其他字符来替代输入字符串某部分子集，实现方法与 PC 机搜索替换字符串 VI 相似，但是在 Arduino 硬件上能力有所限制。search string 与 input string 内容相匹配，然而用 replace string 替换。

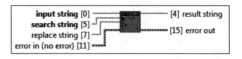

图 5 - 6 字符串替代

(1) input string。指定想被搜索而替换的输入字符串。

(2) search string。指定将要搜索的字符串内容。

(3) replace string。指定对搜索内容进行插入替换的字符串。

(4) error in。在 Arduino 硬件上错误连线只被用于编程时的数据流控制，错误簇中的数据不能用于读写，只能用于帮助数据流控制，因为簇数据类型在本编译器中不支持。

(5) result string。输入字符串中搜索内容被替换而成。

(6) error out。在 Arduino 硬件上错误连线只被用于编程时的数据流控制，错误簇中的数据不能用于读写，只能用于帮助数据流控制，因为簇数据类型在本编译器中不支持。

6.1 比 较 选 板

比较选板（见图 6-1）包含下列 LabVIEW 组件，只有编译器选板目录下的组件才能编译发布到 Arduino 硬件中，其他选板下的组件不能被识别，导致编译出错。

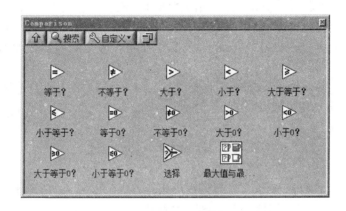

图 6-1 比较选板

6.2 定 时 选 板

定时选板（见图 6-2）包含下列 LabVIEW 组件。

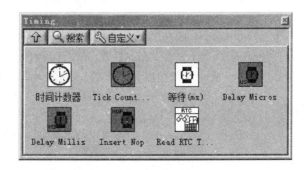

图 6-2 定时选板

（1）时间计数器（ms）。当硬件复位时，时间计数器复位为 0。

（2）等待（ms）。

当部署到 Arduino 硬件上时，这些功能才能被识别并体现出来。此外，较高精度的定时器和延时函数是微秒精度。

时间计数器函数只有硬件开始运行时才计数，因为硬件板不具备实时时钟，当程序重新启动时，定时计数器复位。使用其他目录下的定时函数选板均将导致编译出错。

6.3　毫　秒　延　时

如图 6-3 所示，Delay Millis VI 暂停程序执行，执行 delay（按毫秒计），这与 Wait（ms）

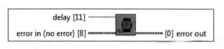

图 6-3　毫秒延时

VI 类似，但这个 VI 有错误簇输入输出用于数据流控制。

（1）delay。中断暂停程序执行，按毫秒计延时。最大数是 16 383。

（2）error in。在 Arduino 硬件上错误连线只被用于程序编程时的数据流控制，错误簇中的数据不能用于读写，只能用于帮助数据流控制，因为簇数据类型在本编译器中不支持。

（3）error out。在 Arduino 硬件上错误连线只被用于编程时的数据流控制，错误簇中的数据不能用于读写，只能用于帮助数据流控制，因为簇数据类型在本编译器中不支持。

6.4　微　秒　延　时

如图 6-4 所示，Delay Micros VI 暂停程序执行，执行 delay（按微秒计），$1000\mu s=1ms$，$10^6\mu s=1s$。当前，最大的延时数是 16 383。后续版本发布时可能会更改，如果延时太长，有几千微秒的话，请用等待（ms）VI 代替。

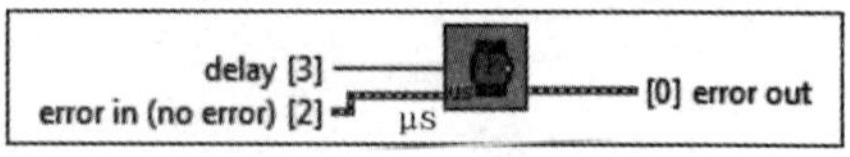

delay。中断暂停程序执行，按微秒计延时，最大数是 16 383。

图 6-4　微秒延时

6.5　微　秒　时　间　计　数　器

如图 6-5 所示，Tick Count Micros VI 在 Arduino 硬件程序开始启动运行时才计数，计数

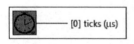

图 6-5　微秒时间计数器

溢出返回 0，约需 70min。在 16MHz Arduino 板，如 Duemilanove 和 Nano 板，计数精度是以 4 倍 μs 计的，即读取的数值总是 4 的倍数。在 8MHz Arduino 板，如 LilyPab 板，计数精度是以 8 倍 μs 计的。

ticks（μs）。Arduino 板程序启动运行时才开始微秒计数。

6.6　插　入　NOP　指　令

如图 6-6 所示，Insert Nop VI 插入一个 Nop 指令（不操作），相当于包含一条指令的执行

延时时间。延时基于 CPU 架构，比如在 ATmega168 芯片上以 16MHz 晶振运行，每条 Nop 语句执行一个机器周期的时延，大约为 62.5ns。

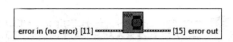

图 6-6 插入 NOP 指令

7.1 Arduino LabVIEW 的三角函数选板

如图 7-1 所示，Arduino LabVIEW 的三角函数选板包含正弦、余弦、正切、反正弦、反余弦、反正切等三角函数运算的 LabVIEW 组件，只有编译器选板目录下的组件才能编译发布到 Arduino 硬件中，其他选板下的组件不能被识别，导致编译出错。

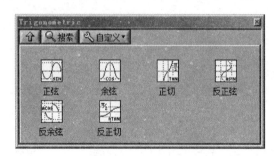

图 7-1　三角函数选板

7.2 实 用 工 具

实用工具选板（见图 7-2），它包含的 API 接口实现了 Arduino 硬件一些高级模式。

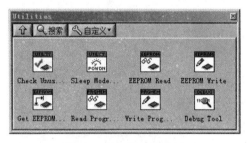

图 7-2　实用工具选板

实用工具选板具有检查未使用的内存、休眠掉电模式、EEPROM 读、EEPROM 写、写程序存储器、调试工具等 LabVIEW 组件。

7.3 检 查 未 使 用 的 内 存

如图 7-3 所示，Check Unused RAM VI 用于在堆和栈之间检查未使用的内存空间，也即系统内能用于动态分配内存的数量，其中不包含堆中已释放的部分空间，因为这些堆不能作为栈来使用，太多堆的内存分配，释放后没被再利用，很可能导致碎片化。监测堆和栈之间的未使用的内存是很有必要的，防止内存发生崩溃。

图 7 - 3 检查未使用的内存

（1）error in。在 Arduino 硬件上错误连线只被用于程序编写时的数据流控制，错误簇中的数据不能用于读写，只能用于帮助数据流控制，因为簇数据类型在本编译器中不支持。

（2）Free RAM。在堆和栈之间的内存数量，数据类型是 I16，以字节计。

（3）error out。在 Arduino 硬件上错误连线只被用于程序编程时的数据流控制，错误簇中的数据不能用于读写，只能用于帮助数据流控制，因为簇数据类型在本编译器中不支持。

7.4 休眠掉电模式

如图 7 - 4 所示，Sleep Mode Power Down VI 针对 AVR 芯片，通过设置 SLEEP _ MODE _ PWR _ DOWN 使得单片机处于睡眠模式，此时耗电最低，几乎所有其他工作停止运行。所以需要设置中断来唤醒，由外部 IO 口拉低电平来触发。此 VI 放在程序中相当于此时处于暂停状态，除非中断唤醒。

图 7 - 4 休眠掉电模式

7.5 EEPROM 读

如图 7 - 5 所示，EEPROM Read VI 从指定的 EEPROM Address 读取一个字节，如输入值超过最大 EEPROM 地址，则返回 0。参照板件相关文档了解最大 EEPROM 地址，可通过使用 Get EEPROM size. vi 来访问获取。

注意：Arduino Due 板件不包含 EEPROM，所以此函数不支持该硬件。

（1）Address。定义从 Arduino 板上哪个 EEPROM 地址读取数据，数据类型是 U16。

（2）Data。从指定 EEPROM Address 返回读取 U8 类型数据。

图 7 - 5 EEPROM 读

7.6 EEPROM 写

如图 7 - 6 所示，EEPROM Write VI 在 Arduino 硬件上指定 EEPROM Address 写一个字节 Data ，如输入值超过最大 EEPROM 地址，不做写操作。参照板件相关文档了解最大 EEPROM 地址，可通过使用 Get EEPROM size. vi 来访问获取。

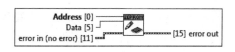

图 7 - 6 EEPROM 写

注意：Arduino Due 板件不包含 EEPROM，所以该函数同样不支持这个硬件。

（1）Address。定义从 Arduino 板上哪个 EEPROM 地址写数据，数据类型是 U16。

（2）Data。指定 Arduino 板上 EEPROM Address 写入 U8 类型数据。

7.7　读程序存储器

如图 7 - 7 所示，Read Program Memory VI 读取 FLASH 存储盘中的数据，数据先前保存在程序存储器上，通过这个 VI 函数只读到执行程序中，它的好处是争取到了很多只读数据存储空间，如查找表。

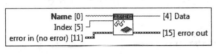

图 7 - 7　读程序存储器

注意：输入数组名 Name 是先前写数据时对控件或常量命名的，请参阅写程序存储器 VI。

（1）Namc。定义了保存在程序存储器中数据唯一识别号，使用字符型数据。

（2）Index。定义了从程序存储器中读取数据的索引值，数据类型是 U16。

（3）Data。数据类型是 U8，先前保存在程序存储器中的数据数组，通过指定名字 Name，按照其索引 Index，返回读取到的数据。

7.8　写程序存储器

如图 7 - 8 所示，Write Program Memory VI 将数据保存在 FLASH 存储盘上，代替 SRAM。这个 VI 函数告诉编译器输入数组是放在 FLASH 存储盘中，而不是 SRAM。因此，程序执行中该数据也只能读取访问，为了获取更多只读数据的存储空间，这是种比较好的方法，如查找表。必须使用读程序存储器 VI 从运行程序中提取数据。

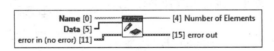

图 7 - 8　写程序存储器

注意：输入数组必须是个控件或常量，直接连线到这个 VI 中，这样输入 Name 就是这个数组的名字了。

（1）Name。定义了程序存储器数据保存的唯一识别号，使用字符型数据。

（2）Data。写入程序存储器中的数据数组，使用 U8 无符号字节型数据。

（3）Number of Elements。保存在程序存储器上数据数组大小，数据类型是 I32。

7.9　调　试　工　具

如图 7 - 9 所示，Debug Tool VI 是放在 Arduino 上的 LabVIEW VI 代码，方便用于调试，每次调用此 VI 都对串口进行打开、关闭，因此，这也将对程序带来额外的开销。默认串口通信参数为：8 位、无校验、1 个停止位。波特率数值用户可以修改，调试时可在 Value 输入连线端标记不同的说明字符注明不同的程序执行状态，然后从串口通信获悉。

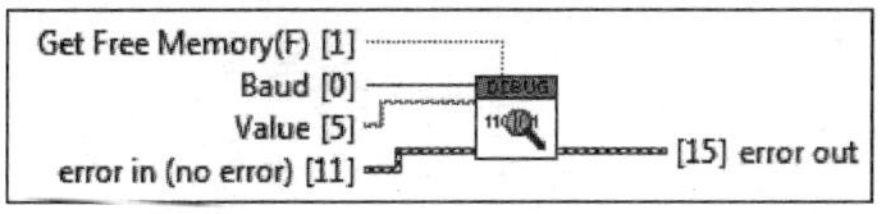

图 7-9　调试工具

（1）Baud。指定 Arduino 硬件串口通信的波特率，数据类型是 U32。

（2）Get Free Memory（F）。如果设置为 True，调试工具一并将未用的内存空间值提取发送到串口输出，数据类型是布尔型。

（3）Value。写入串口的字符串内容，数据类型是字符串类型。

第8章 模拟量选板

8.1 Arduino LabVIEW 的模拟量选板

如图 8-1 所示，Arduino LabVIEW 的模拟量选板包含的 APIs 是配置模拟量引脚、读写模拟量电压值。有些硬件没有 DAC，模拟量写 VI 对应的引脚则是脉冲宽度调制（PWM）输出，有些硬件，像 Arduino Due 板，有真正的 DAC 模拟量输出引脚，相同的 API 就可输出模拟电压值。读写精度只能支持 Arduino Due 板件。

图 8-1 模拟量选板

8.2 模 拟 量 读

如图 8-2 所示，Analog Read VI 从指定模拟量 pin 引脚读取数值，Arduino 板包含 6 个通道（Mini 和 Nano 板有 8 个通道，Mega 板有 16 个通道）10 位 ADC（模数转换器）。这意味着输入电压值 0～5 将镜像映射成整型数字量 0～1023，即分辨率为 5V/1024 数字单元或 0.004

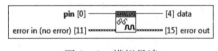

图 8-2 模拟量读

9V（4.9mV）/单元。输入电压范围和分辨率可通过 Analog Reference. vi 来加以修改，读取一个模拟量通道输入值需要 $100\mu s$（0.000 1s）的时延，所以按最大采样率算是 10 000 次/秒（10kHz，10kSPS）。

（1）pin。定义了 Arduino 硬件板上的模拟输入读取引脚，数据类型是 U8。

（2）error in。在 Arduino 硬件上错误连线只被用于编程时的数据流控制，错误簇中的数据不能用于读写，只能用于帮助数据流控制，因为簇数据类型在本编译器中不支持。

（3）data。从模拟量引脚返回读取的数值以完整刻度分辨率的类型输出，数据类型是 U16。

（4）error out。在 Arduino 硬件上错误连线只被用于编程时的数据流控制，错误簇中的数据不能用于读写，只能用于帮助数据流控制，因为簇数据类型在本编译器中不支持。

8.3 模 拟 量 写

如图 8-3 所示，Analog Write VI 指定引脚 pin 序号，写入一个 PWM Value 模拟量数值，可能用于驱动 LED 灯的亮度或电动机的速度。当 Analog Write. vi 调用时，相关引脚按照给定的占空比输出稳定的方波，直到再次调用发生〔或者对相同引脚进行数字读写操作（Digital Read. vi 或 Digital Write. vi)〕。大多数引脚 PWM 信号的频率大约是 490Hz，在 Arduino Uno 和类似简单板件上，引脚 5、6 的频率大约是 980Hz，Arduino Leonardo 板上 3、11 引脚频率是 980Hz。大多数使用 ATmega168 或 ATmega328 的 Arduino 板，PWM 输出引脚是 3，5，6，9，10 和 11。Arduino Mega 的 PWM 输出引脚是 2～13 和 44～46。使用 ATmega8 的老式 Arduino 板，使用这个 VI 函数可驱动引脚 9、10 和 11。Arduino Due 板除了能驱动引脚 2～13，外加 DAC0 和 DAC1 引脚。不像 PWM 引脚，DAC0 和 DAC1 有模数转换器，是真实的模拟输出，不需要事先定义调用 Pin Mode. vi，模拟写 VI 与模拟输入引脚和模拟读 VI 无关，Arduino Due 板有两个真正的 DAC，为了访问这些输出，使用引脚 66 对应 DAC0、67 对应 DAC1。

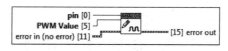

图 8-3 模拟量写

（1）pin。定义 Arduino 板哪个模拟输出引脚，但是 Arduino Due 板使用引脚 66 对应 DAC0、67 对应 DAC1，数据类型是 U8。

（2）PWM Value。定义 PWM 数值写入模拟输出引脚，数据类型是 U8。

8.4 模 拟 量 参 考

如图 8-4 所示，Analog Reference VI 用于模拟输入引脚配置参考电压，标定测量范围。通过 Type 引脚设置如下。

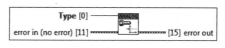

图 8-4 模拟量参考

Type 参考电压（数据类型 U8）为：

（1）非 Mega 板。

0：外界输入。AREF 引脚供应的输入电压为参考值（0～5V）。

1：默认。根据板上单片机芯片不同默认有两种电压：5V 和 3.3V。

3：内部供应。ATmega168 和 ATmega328 板为 1.1V；ATmega8 板为 2.56V。

（2）Mega 板。

0：外界输入。AREF 引脚供应的输入电压为参考值（0～5V）。

1：默认。根据板上单片机芯片不同默认有两种电压：5V 和 3.3V。

2：内部供应。1V1——1.1V 的参考电压。

3：内部供应。2V56——2.56V 的参考电压。

（3）Tiny 板。

0：外界输入。AREF 引脚供应的输入电压为参考值（0～5V）。

1：默认。根据板上单片机芯片不同默认有两种电压：5V 和 3.3V。

2：内部供应。ATmega168 和 ATmega328 板为 1.1V；ATmega8 板为 2.56V。

8.5　模拟量读分辨率

如图 8-5 所示，Analog Read Resolution VI Arduino 板通过 Analog Read. vi 读取模拟量值，数值位数 bits 已设定。只支持 Arduino Due 板，默认是 10 位（读取模拟量值范围 0～1023），它只适用于 AVR 芯片的板子。而 Arduino Due 板有 12 位的 ADC，所以应该改为 12，其读取模拟量值范围为 0～4095。

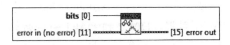

图 8-5　模拟量读分辨率

bits。模拟数据值分辨率精度，数据类型是 U8。

8.6　模拟量写分辨率

如图 8-6 所示，Analog Write Resolution VI Arduino 板通过 Analog Write. vi 写输出模拟量值，数值位数 bits 设定。只支持 Arduino Due 板，默认是 8 位（写模拟量值范围 0～255），它只适用于 AVR 芯片的板子。Arduino Due 板有 12 个引脚的 PWM 输出，默认也是 8 位。但它有两个 12 位分辨率精度的 DAC 输出脚，所以应该改为 12，其写模拟量值范围为 0～4095。若输入 PWM 值超限，不会产生回卷。

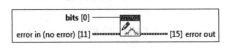

图 8-6　模拟量写分辨率

bits。模拟数据值分辨率精度，数据类型是 U8。

第9章 数字量选板

9.1 Arduino LabVIEW 的数字量选板

如图 9-1 所示，Arduino LabVIEW 的数字量选板包含的 API 是配置数字引脚，读写数字输入/输出。Pin Mode. vi 必须用在数字读写 VI 之前，目的是先配置此引脚是输入还是输出。如果用作输入，此引脚也可配置使用内部上拉电阻。

图 9-1 数字量选板

9.2 数 字 量 读

如图 9-2 所示，Digital Read VI 从指定的数字引脚（pin），读取其状态——高电平（True）或低电平（False）。

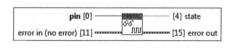

图 9-2 数字量读

（1）pin。定义 Arduino 板从哪个数字引脚读取，数据类型是 U8。

（2）error in。在 Arduino 硬件上错误连线只被用于编程时的数据流控制，错误簇中的数据不能用于读写，只能用于帮助数据流控制，因为簇数据类型在本编译器中不支持。

（3）state。读取数字引脚的状态（低电平或高电平），数据类型是布尔型。

（4）error out。在 Arduino 硬件上错误连线只被用于编程时的数据流控制，错误簇中的数据不能用于读写，只能用于帮助数据流控制，因为簇数据类型在本编译器中不支持。

9.3 数 字 量 写

如图 9-3 所示，Digital Write VI 如果使用 Pin Mode. vi 将引脚（pin）配置成输出，可写

高电平（True）或低电平（false）驱动。5V 板高电平是 5V，3.3V 板高电平是 3.3V，低电平是 0V，接地。如将引脚配置成输入，用此 VI 写 True 代表此引脚内部使能上拉电阻，写 False 代表此引脚内部禁止上拉电阻。建议将输入引脚均配置成内部使能上拉电阻。更多信息请浏览数字引脚指南章节。

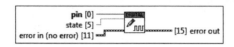

图 9-3　数字量写

注意：如果事先没设置引脚模式为输出，而直接将 LED 灯连上，用此 VI 写 True，LED 灯微亮，即调用此 VI 时若没声明引脚模式，写 True 等于此引脚内部使能上拉电阻，相当于接了个限流电阻。

（1）pin。定义 Arduino 板从哪个数字引脚读取，数据类型是 U8。

（2）state。读取数字引脚的状态（低电平或高电平），数据类型是布尔型。

9.4　数字量端口读

如图 9-4 所示，Digital Read Port VI 从指定引脚所属端口读数，返回 8 位 U8 类型数据，这些均可作为输入 pin（引脚）。详情可参考 Arduino 文档和原理图示。例如，如果监测到 Arduino 板 PORTB. 2 的状态，读取的 8 位数值即是 PORTB 口返回的数值。

图 9-4　数字量端口读

注意：在使用此 VI 之前，必须用 Pin Mode. vi 事先设定每个分立引脚的方向。

（1）pin。定义 Arduino 板从哪个数字引脚读取，数据类型是 U8。

（2）Data。引脚对应的 8 位端口数据。只是数据更新只从引脚 Start Pin 开始，数据类型是 U8。

9.5　数字量端口写

如图 9-5 所示，Digital Write Port VI 从指定 Start Pin 引脚写数据（Data）到对应端口。只有此引脚序号后面端口才更新，也即此引脚前面端口内容保持不变。引脚对应端口可参考相关 Arduino 文档和原理图。例如，如果 Start Pin 引脚连线到 Arduino 板上 PORTB. 2，那么只有 2~7 位的数据才会被更新。位 0~1 保留当前值不变。

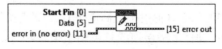

图 9-5　数字量选板

注意：在使用此 VI 之前，必须用 Pin Mode. vi 事先设定每个分立引脚的方向。

（1）Start Pin。定义 Arduino 板数据开始更新的数字引脚，数据类型是 U8。

（2）Data。写 8 位数据到对应端口，数据类型是 U8。只有 Start Pin 引脚开始后的数据才会被更新。

9.6 引 脚 模 式

如图9-6所示，Pin Mode VI 配置指定引脚（Pin）为输入或输出方向（direction）。先查看 Arduino 板各数字引脚功能描述。因为 Arduino 自1.0.1版本以来就允许内部输入上拉电阻。

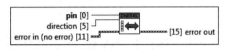

图9-6 引脚模式

（1）pin。定义 Arduino 板从哪个数字引脚读取，数据类型是 U8。

（2）direction。定义数字引脚的数据方向，可选择输入、输出或内部上拉，数据类型是枚举类型。

第10章 中　　断

10.1　Arduino LabVIEW 的中断选板

如图 10-1 所示，Arduino LabVIEW 的中断选板 VI 提供了允许、禁止中断的一种办法，当特定中断触发，允许调用回调 VI 函数，主 VI 与回调（中断）VI 之间的数据共享是使用全局变量来实现的。请参照例程实现。比如，数字输入引脚的变化触发中断回调 VI 函数的运行。

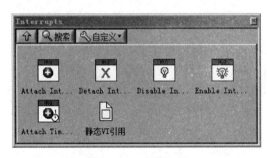

图 10-1　中断选板

10.2　启　用　中　断

如图 10-2 所示，Enable Interrupts VI 使能中断 VI，如中断设置成禁止，可被唤醒使能，中断允许后台重要任务执行，中断禁止后则不触发其动作，中断处理器函数不执行，可能导致不响应通信。中断处理过程可能稍微打断正常的代码执行顺序，也可能导致屏蔽了某些关键代码。

图 10-2　启用中断

10.3　禁　止　中　断

如图 10-3 所示，Disable Interrupts VI，禁止中断 VI。

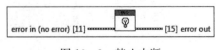

图 10-3　禁止中断

10.4　中断配置

如图 10-4 所示，Attach Interrupt VI 指定的 Interrupt（中断）发生时，我们通过 VI Reference（VI 引用）来回调 VI，Mode（模式）代表中断发生时指定引脚传输模式，这样就取代了连接到中断的任何先前的 VI。大多数的 Arduino 板有两个外部中断：数字 0（数字引脚 2）和 1（数字引脚 3）。请参阅每个 Arduino 板上中断号表，http：//arduino.cc/en/Reference/AttachInterrupt 为最近更新支持的主板和中断。

Arduino Due 主板具有强大的中断功能，使用户可以在所有可用的引脚连接中断函数，也可以直接在本从属中断 VI 中指定引脚数字。

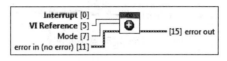

图 10-4　中断配置

（1）Interrupt。定义了单片机的中断序数，数据类型是 U8。

（2）VI Reference。中断发生时回调 VI 的引用。

（3）Mode。定义了中断触发的模式，数据类型是枚举类型。选项定义如下。

1）LOW。低电平触发中断。

2）CHANGE。引脚电平变化触发中断。

3）RISING。引脚由低电平到高电平变化触发中断。

4）FALLING。当引脚由高电平向低电平变化触发中断。只有 Due 板才允许高电平触发中断。

10.5　关　闭　中　断

如图 10-5 所示，Detach Interrupt VI 关闭给定中断。

Interrupt。定义了单片机的中断序数，数据类型是 U8。

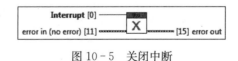

图 10-5　关闭中断

10.6　定时器 1 中断配置

如图 10-6 所示，Attach Timer1 Interrupt VI 当定时器中断发生时，启用定时器通过 VI Reference 来指定回调 VI。period 指定多少微秒触发回调。该中断只在 AVR 平台能编译通过，在 Arduino Due 板上不工作。

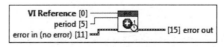

图 10-6　定时器 1 中断配置

（1）VI Reference。中断发生时回调 VI 的引用。

（2）period。回调 VI 触发的周期（μs），数据类型是 U32。

10.7　Due 定时器中断配置 VI

如图 10 - 7 所示，Attach Due Timer Interrupt VI 当 Due 定时器中断触发时，VI Reference 参考引用的回调 VI 将运行，有多达 9 个不同定时器中断能配置，period 指定以怎样的周期触发回调 VI（单位：μs）。该中断配置只适用于 Due 平台板件，针对 Arduino AVR 板件不能工作。

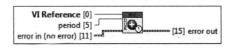

图 10 - 7　Due 定时器中断配置 VI

注意：回调 VI 中针对任何延时 VI 均不支持，使用 Tick Count VIs 也不会执行加 1 动作，如加以使用的话，函数中接收的串行数据将会丢失。与回调 VI 的数据交互，必须使用全局变量。此外，所引用的回调 VI 终端不能有任何输入或输出连线。

由于伺服库也使用了 Due 定时器库，基于同样的回调，需要在 Arduino 库文件夹下的 DueTimer 文件夹中的 DueTimer. h 中取消注释这行：♯define USING _ SERVO _ LIB，这样就可允许伺服控制了。但是定时器中断数目将从 9 个减少到 4 个。

（1）VI Reference。当中断触发，参考引用的回调 VI 将运行。

（2）period。微秒触发回调 VI 周期（μs），数据类型是 U32。

第11章 音　　频

11.1　Arduino LabVIEW 的音频选板

如图 11-1 所示，在 Arduino 板上通过一数字输出引脚来产生音频，VI 选板上有开始和停止音频 API VI，音频是由特定的频率方波产生的（50％的占空比），目前不支持 Arduino Due 板子。Tone Start. vi 使用了 PWM 引脚 3 和 11（Mega 板除外），31Hz 以下频率不能产生音频。

11.2　音　频　开　始

音频开始如图 11-2 所示，Tone Start VI 在 pin 引脚产生一个 Frequency（Hz）频率（50％占空比）的方波，指定 Duration（ms）（周期），如果没有连线或设置为 0，音频持续直到调用 Tone Stop. vi 才停止。此引脚可连到蜂鸣器或其他扬声器来播放，一个时刻只能产生一个音频。如果另有引脚正在产生音频，再次调用 Tone Start. vi 是没效果的。如果此引脚正在播放音频，再次调用 Tone Start. vi 将设置更改频率。这个 VI 不支持 Arduino Due 板子。

图 11-1　音频选板

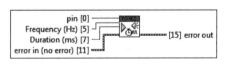

图 11-2　音频开始

（1）pin。定义音频产生的数字引脚。

（2）Frequency（Hz）。定义发出音频信号引脚的频率。

（3）Duration（ms）。定义音频周期，单位：ms。为 0 时代表没定义，音频持续直到调用 Tone Stop. vi 才停止。

（4）error in。在 Arduino 硬件上错误连线只被用于编程时的数据流控制，错误簇中的数据不能用于读写，只能用于帮助数据流控制，因为簇数据类型在本编译器中不支持。

（5）error out。在 Arduino 硬件上错误连线只被用于编程时的数据流控制，错误簇中的数据不能用于读写，只能用于帮助数据流控制，因为簇数据类型在本编译器中不支持。

11.3　音　频　停　止

如图 11-3 所示，Tone Stop VI 停止在 Tone Start. vi 上指定的引脚（pin）触发方波，不再

产生音频。该项功能目前不支持 Arduino Due 板子。注意：如果要在多个引脚上播放，需要在接下来的引脚上调用 Tone Start. vi 前，先在此引脚上调用 Tone Stop. vi 。

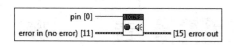

图 11 - 3　音频停止

pin。定义音频产生的数字引脚。

第12章　I²C　LCD

12.1　Arduino LabVIEW 的 I²C LCD 选板

Arduino LabVIEW 的 I²C LCD 选板（见图 12-1）包含 APIs 的 I²C LCD 选板 VI，Arduino 控制器与 SainSmart LCD 必须通过 I²C 两线数字引脚接口相连，才可使用这些 VIs 写数。

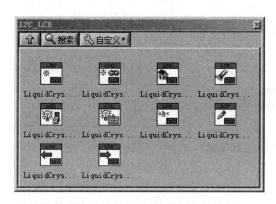

图 12-1　I²C LCD 选板

12.2　I²C LCD 初始化

如图 12-2 所示，LiquidCrystal _ I²C　VI Instance 是 LCD 类实例引用，如果只使用了一个 LCD，那么这应该被设置为 0，从而创建了 LiquidCrystal - I²C 类的一个实例。

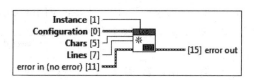

图 12-2　I²C LCD 初始化

（1）Instance。LCD 类实例引用，数据类型是 U8。

（2）Configuration。I²C LCD 控制器配置。

1）Addr。使用的 I²C 地址（通常 0x3F 或十进制 63 为 SainSmart 控制器的），数据类型是 U8。

2）ENPin。连接到 LCD 上的使能引脚，控制器的引脚数字，数据类型是 U8。

3）RWPin。连接到 LCD 上的 RW 引脚，控制器的引脚数字，数据类型是 U8。

4）RSPin。连接到 LCD 上的 RS 引脚，控制器的引脚数字，数据类型是 U8。

5）D4Pin。连接到 LCD 上的相应数据管脚，控制器的引脚数字。LCD 只能使用 4 位模式通过 4 个数据线控制的（D4，D5，D6，D7），数据类型是 U8。

6）D5Pin。连接到 LCD 上的相应数据管脚，控制器的引脚数字。LCD 只能使用 4 位模式通过 4 个数据线控制的（D4，D5，D6，D7），数据类型是 U8。

7）D6Pin。连接到 LCD 上的相应数据管脚，控制器的引脚数字。LCD 只能使用 4 位模式通过 4 个数据线控制的（D4，D5，D6，D7），数据类型是 U8。

8）D7Pin。连接到 LCD 上的相应数据管脚，控制器的引脚数字。LCD 只能使用 4 位模式通过 4 个数据线控制的（D4，D5，D6，D7），数据类型是 U8。

（3）Chars。定义 LCD 上每行多少字符或列数，数据类型是 U16。

（4）Lines。定义 LCD 上有多少行或多少排，数据类型是 U16。

12.3　I^2C LCD 快速初始化

LCD 快速初始化如图 12 - 3 所示。LiquidCrystal _ I^2C　Express VI Instance 是 LCD 类实例引用。

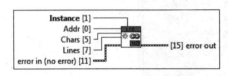

图 12 - 3　I^2C LCD 快速初始化

（1）Instance。LCD 类实例引用，数据类型是 U8。

（2）Addr。使用的 I^2C 地址（通常 0x3F 或十进制 63 为 SainSmart 控制器的），数据类型是 U8。

（3）Chars。定义 LCD 上每行多少字符或列数，数据类型是 U16。

（4）Lines。定义 LCD 上有多少行或多少排，数据类型是 U16。

（5）error in。在 Arduino 硬件上错误连线只被用于编程时的数据流控制，错误簇中的数据不能用于读写，只能用于帮助数据流控制，因为簇数据类型在本编译器中不支持。

（6）error out。在 Arduino 硬件上错误连线只被用于编程时的数据流控制，错误簇中的数据不能用于读写，只能用于帮助数据流控制，因为簇数据类型在本编译器中不支持。

12.4　LCD　清　屏

LCD 清屏如图 12 - 4 所示，LiquidCrystal _ I^2C　Clear VI Instance 是 LCD 类实例引用，如果只使用了一个 LCD，那么应该被设置为 0。这个 VI 的作用是清 LCD 屏，光标位于左上角。

（1）Instance。LCD 类实例引用，数据类型是 U8。

（2）error in。在 Arduino 硬件上错误连线只被用

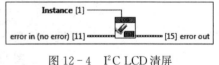

图 12 - 4　I^2C LCD 清屏

于编程时的数据流控制，错误簇中的数据不能用于读写，只能用于帮助数据流控制，因为簇数据类型在本编译器中不支持。

（3）error out。在 Arduino 硬件上错误连线只被用于编程时的数据流控制，错误簇中的数据不能用于读写，只能用于帮助数据流控制，因为簇数据类型在本编译器中不支持。

12.5 LCD 原 点 位

LCD 原点位如图 12-5 所示，LiquidCrystal _ I²C Home VI Instance 是 LCD 类实例引用，如果只使用了一个 LCD，那么应该被设置为 0。此 VI 作用是位置光标位于 LCD 左上角，输出字符显示从这个位置起。如要清屏，可采用 LiquidCrystal _ I²C clear.vi 代替。

（1）Instance。LCD 类实例引用，数据类型是 U8。

（2）error in。在 Arduino 硬件上错误连线只被用于编程时的数据流控制，错误簇中的数据不能用于读写，只能用于帮助数据流控制，因为簇数据类型在本编译器中不支持。

图 12-5 I²C LCD 原点位

（3）error out。在 Arduino 硬件上错误连线只被用于编程时的数据流控制，错误簇中的数据不能用于读写，只能用于帮助数据流控制，因为簇数据类型在本编译器中不支持。

12.6 LCD 背光设置

LCD 背光设置如图 12-6 所示，LiquidCrystal _ I²C set backlight VI Instance 是 LCD 类实例引用，如果只使用了一个 LCD，那么应该被设置为 0。通过 State 的 on 或 off 状态来设置 LCD 的背光。

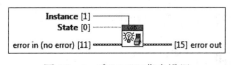

图 12-6 I²C LCD 背光设置

（1）Instance。LCD 类实例引用，数据类型是 U8。

（2）State。设定背光的 on/off 状态，数据类型是布尔型 TF。

（3）error in。在 Arduino 硬件上错误连线只被用于编程时的数据流控制，错误簇中的数据不能用于读写，只能用于帮助数据流控制，因为簇数据类型在本编译器中不支持。

（4）error out。在 Arduino 硬件上错误连线只被用于编程时的数据流控制，错误簇中的数据不能用于读写，只能用于帮助数据流控制，因为簇数据类型在本编译器中不支持。

12.7 LCD 背光引脚设置

LCD 背光引脚设置如图 12-7 所示，LiquidCrystal _ I²C Set Backlight Pin VI Instance 是 LCD 类实例引用，如果只使用了一个 LCD，那么应该被设置为 0。设置 SainSmart 控制器对应背光引脚极性，默认情况下，pin 应该设置为 3，polarity 应设置为 false 才能驱动背光显示。

（1）Instance。LCD 类实例引用，数据类型是 U8。

（2）pin。定义哪个背光引脚连线到 LCD 模块，数据类型是 U16。

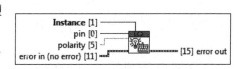

图 12-7 I²C LCD 背光引脚设置

（3）polarity。定义背光引脚的极性，数据类型是布尔型 TF，而 SainSmart I²C LCD 模块的极性通常为 false。

（4）error in。在 Arduino 硬件上错误连线只被用于编程时的数据流控制，错误簇中的数据不能用于读写，只能用于帮助数据流控制，因为簇数据类型在本编译器中不支持。

（5）error out。在 Arduino 硬件上错误连线只被用于编程时的数据流控制，错误簇中的数据不能用于读写，只能用于帮助数据流控制，因为簇数据类型在本编译器中不支持。

12.8　LCD 光 标 设 置

LCD 光标设置如图 12-8 所示，LiquidCrystal _ I²C　Set Cursor VI Instance 是 LCD 类实例引用，如果只使用了一个 LCD，那么应该被设置为 0。本 VI 指定 LCD 的光标位置，也就是说，设置写到 LCD 屏上的文本字符显示位置，具体放在指定的 character 和 line。

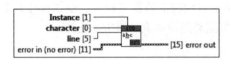

图 12-8　I²C LCD 光标设置

（1）Instance。LCD 类实例引用，数据类型是 U8。

（2）character。在 LCD 上放置文本字符的偏移位置，数据类型是 U16。

（3）line。在 LCD 上放置文本字符的行位置，数据类型是 U16。

（4）error in。在 Arduino 硬件上错误连线只被用于编程时的数据流控制，错误簇中的数据不能用于读写，只能用于帮助数据流控制，因为簇数据类型在本编译器中不支持。

（5）error out。在 Arduino 硬件上错误连线只被用于编程时的数据流控制，错误簇中的数据不能用于读写，只能用于帮助数据流控制，因为簇数据类型在本编译器中不支持。

12.9　LCD 卷 回 左 端

LCD 卷回左端如图 12-9 所示，LiquidCrystal _ I²C　Scroll Left VI Instance 是 LCD 类实例引用，如果只使用了一个 LCD，那么这应该被设置为 0。显示内容（文本和光标）卷回到屏左端呈空格。

（1）Instance。LCD 类实例引用，数据类型是 U8。

（2）error in。在 Arduino 硬件上错误连线只被用于编程时的数据流控制，错误簇中的数据不能用于读写，只能用于帮助数据流控制，因为簇数据类型在本编译器中不支持。

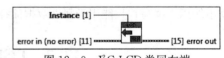

图 12-9　I²C LCD 卷回左端

（3）error out。在 Arduino 硬件上错误连线只被用于编程时的数据流控制，错误簇中的数据不能用于读写，只能用于帮助数据流控制，因为簇数据类型在本编译器中不支持。

12.10　LCD 卷 回 右 端

LCD 卷回右端如图 12-10 所示，LiquidCrystal _ I²C　Scroll Right VI Instance 是 LCD 类实例引用，如果只使用了一个 LCD，那么应该被设置为 0。显示内容（文本和光标）卷回到屏右端呈空格。

（1）Instance。LCD 类实例引用，数据类型是 U8。

（2）error in。在 Arduino 硬件上错误连线只被用于编程时的数据流控制，错误簇中的数据不能用于读写，只能用于帮助数据流控制，因为簇数据类型在本编译器中不支持。

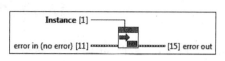

图 12 - 10   I²C LCD 卷回右端

（3）error out。在 Arduino 硬件上错误连线只被用于编程时的数据流控制，错误簇中的数据不能用于读写，只能用于帮助数据流控制，因为簇数据类型在本编译器中不支持。

12.11   LCD 写 I8 数据

LCD 写 I8 数据如图 12 - 11 所示，LiquidCrystal _ I²C Write I8 VI Instance 是 LCD 类实例引用，如果只使用了一个 LCD，那么应该被设置为 0。写 Data 到 LCD 屏，支持的数据类型包括字符串、布尔、整型和浮点数。

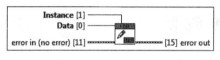

图 12 - 11   I²C LCD 写 I8 数据

（1）Instance。LCD 类实例引用，数据类型是 U8。

（2）Data。写到 LCD 屏上的数值，数据类型是 I8。

（3）error in。在 Arduino 硬件上错误连线只被用于编程时的数据流控制，错误簇中的数据不能用于读写，只能用于帮助数据流控制，因为簇数据类型在本编译器中不支持。

（4）error out。在 Arduino 硬件上错误连线只被用于编程时的数据流控制，错误簇中的数据不能用于读写，只能用于帮助数据流控制，因为簇数据类型在本编译器中不支持。

12.12   LCD 写 I16 数据

LCD 写 I16 数据如图 12 - 12 所示，LiquidCrystal _ I²C Write I16 VI Instance 是 LCD 类实例引用，如果只使用了一个 LCD，那么这应该被设置为 0。写 Data 到 LCD 屏，支持的数据类型包括字符串、布尔、整型和浮点数。

（1）Instance。LCD 类实例引用，数据类型是 U8。

（2）Data。写到 LCD 屏上的数值，数据类型是 I16。

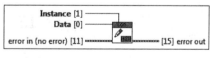

图 12 - 12   I²C LCD 写 I16 数据

（3）error in。在 Arduino 硬件上错误连线只被用于编程时的数据流控制，错误簇中的数据不能用于读写，只能用于帮助数据流控制，因为簇数据类型在本编译器中不支持。

（4）error out。在 Arduino 硬件上错误连线只被用于编程时的数据流控制，错误簇中的数据不能用于读写，只能用于帮助数据流控制，因为簇数据类型在本编译器中不支持。

12.13　LCD 写 I32 数 据

　　LCD写I32数据如图12-13所示，LiquidCrystal _ I²C　Write I32 VI Instance 是 LCD 类实例引用，如果只使用了一个 LCD，那么这应该被设置为 0。写 Data 到 LCD 屏，支持的数据类型包括字符串、布尔、整型和浮点数。

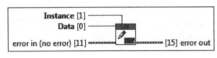

图 12-13　I²C LCD 写 I32 数据

　　（1）Instance。LCD 类实例引用，数据类型是 U8。

　　（2）Data。写到 LCD 屏上的数值，数据类型是 I32。

　　（3）error in。在 Arduino 硬件上错误连线只被用于编程时的数据流控制，错误簇中的数据不能用于读写，只能用于帮助数据流控制，因为簇数据类型在本编译器中不支持。

　　（4）error out。在 Arduino 硬件上错误连线只被用于编程时的数据流控制，错误簇中的数据不能用于读写，只能用于帮助数据流控制，因为簇数据类型在本编译器中不支持。

12.14　LCD 写 U8 数 据

　　LCD写U8数据如图12-14所示，LiquidCrystal _ I²C　Write U8 VI Instance 是 LCD 类实例引用，如果只使用了一个 LCD，那么应该被设置为 0。写 Data 到 LCD 屏，支持的数据类型包括字符串、布尔、整型和浮点数。

　　（1）Instance。LCD 类实例引用，数据类型是 U8。

　　（2）Data。写到 LCD 屏上的数值，数据类型是 U8。

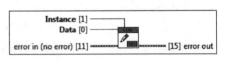

图 12-14　I²C LCD 写 U8 数据

　　（3）error in。在 Arduino 硬件上错误连线只被用于编程时的数据流控制，错误簇中的数据不能用于读写，只能用于帮助数据流控制，因为簇数据类型在本编译器中不支持。

　　（4）error out。在 Arduino 硬件上错误连线只被用于编程时的数据流控制，错误簇中的数据不能用于读写，只能用于帮助数据流控制，因为簇数据类型在本编译器中不支持。

12.15　LCD 写 U16 数 据

　　LCD写U16数据如图12-15所示，LiquidCrystal _ I²C　Write U16 VI Instance 是 LCD 类实例引用，如果只使用了一个 LCD，那么应该被设置为 0。写 Data 到 LCD 屏，支持的数据类型包括字符串、布尔、整型和浮点数。

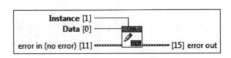

图 12-15　I²C LCD 写 U16 数据

（1）Instance。LCD类实例引用，数据类型是U8。

（2）Data。写到LCD屏上的数值，数据类型是U16。

（3）error in。在Arduino硬件上错误连线只被用于编程时的数据流控制，错误簇中的数据不能用于读写，只能用于帮助数据流控制，因为簇数据类型在本编译器中不支持。

（4）error out。在Arduino硬件上错误连线只被用于编程时的数据流控制，错误簇中的数据不能用于读写，只能用于帮助数据流控制，因为簇数据类型在本编译器中不支持。

12.16　LCD 写 U32 数据

LCD写U32数据如图12-16所示，LiquidCrystal _ I²C　Write U32 VI Instance是LCD类实例引用，如果只使用了一个LCD，那么应该被设置为0。写Data到LCD屏，支持的数据类型包括字符串、布尔、整型和浮点数。

（1）Instance。LCD类实例引用，数据类型是U8。

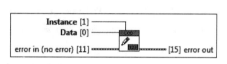

图12-16　I²C LCD写U32数据

（2）Data。写到LCD屏上的数值，数据类型是U32。

（3）error in。在Arduino硬件上错误连线只被用于编程时的数据流控制，错误簇中的数据不能用于读写，只能用于帮助数据流控制，因为簇数据类型在本编译器中不支持。

（4）error out。在Arduino硬件上错误连线只被用于编程时的数据流控制，错误簇中的数据不能用于读写，只能用于帮助数据流控制，因为簇数据类型在本编译器中不支持。

12.17　LCD 写单精度浮点数

LCD写单精度浮点数如图12-17所示，LiquidCrystal _ I²C　Write Single VI Instance是LCD类实例引用，如果只使用了一个LCD，那么应该被设置为0。写Data到LCD屏，支持的数据类型包括字符串、布尔、整型和浮点数。

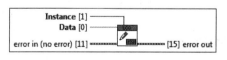

图12-17　I²C LCD写单精度浮点数

（1）Instance。LCD类实例引用，数据类型是U8。

（2）Data。写到LCD屏上的数值，数据类型是SGL。

（3）error in。在Arduino硬件上错误连线只被用于编程时的数据流控制，错误簇中的数据不能用于读写，只能用于帮助数据流控制，因为簇数据类型在本编译器中不支持。

（4）error out。在Arduino硬件上错误连线只被用于编程时的数据流控制，错误簇中的数据不能用于读写，只能用于帮助数据流控制，因为簇数据类型在本编译器中不支持。

12. 18   LCD 写双精度浮点数

LCD写双精度浮点数如图 12 - 18 所示，LiquidCrystal _ I²C Write Double VI Instance 是 LCD 类实例引用，如果只使用了一个 LCD，那么应该被设置为 0。写 Data 到 LCD 屏，支持的数据类型包括字符串、布尔、整型和浮点数。

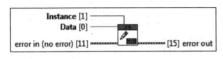

图 12 - 18   I²C LCD写双精度浮点数

（1）Instance。LCD 类实例引用，数据类型是 U8。

（2）Data。写到 LCD 屏上的数值，数据类型是 DBL。

（3）error in。在 Arduino 硬件上错误连线只被用于编程时的数据流控制，错误簇中的数据不能用于读写，只能用于帮助数据流控制，因为簇数据类型在本编译器中不支持。

（4）error out。在 Arduino 硬件上错误连线只被用于编程时的数据流控制，错误簇中的数据不能用于读写，只能用于帮助数据流控制，因为簇数据类型在本编译器中不支持。

12. 19   LCD 写布尔值

LCD写布尔值如图 12 - 19 所示，LiquidCrystal _ I²C Write Boolean VI Instance 是 LCD 类实例引用，如果只使用了一个 LCD，那么应该被设置为 0。写 Data 到 LCD 屏，支持的数据类型包括字符串、布尔、整型和浮点数。

（1）Instance。LCD 类实例引用，数据类型是 U8。

（2）Data。写到 LCD 屏上的数值，数据类型是布尔型 TF。

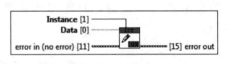

图 12 - 19   I²C LCD写布尔值

（3）error in。在 Arduino 硬件上错误连线只被用于编程时的数据流控制，错误簇中的数据不能用于读写，只能用于帮助数据流控制，因为簇数据类型在本编译器中不支持。

（4）error out。在 Arduino 硬件上错误连线只被用于编程时的数据流控制，错误簇中的数据不能用于读写，只能用于帮助数据流控制，因为簇数据类型在本编译器中不支持。

12. 20   LCD 写字符串

LCD写字符串如图 12 - 20 所示，LiquidCrystal _ I²C Write String VI Instance 是 LCD 类实例引用，如果只使用了一个 LCD，那么应该被设置为 0。写 Data 到 LCD 屏，支持的数据类型包括字符串、布尔、整型和浮点数。

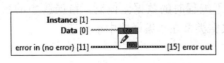

图 12 - 20   I²C LCD写字符串

（1）Instance。LCD 类实例引用，数据类型是 U8。

（2）Data。写到 LCD 屏上的数值，数据类型是字符串 abc。

（3）error in。在 Arduino 硬件上错误连线只被用于编程时的数据流控制，错误簇中的数据不能用于读写，只能用于帮助数据流控制，因为簇数据类型在本编译器中不支持。

（4）error out。在 Arduino 硬件上错误连线只被用于编程时的数据流控制，错误簇中的数据不能用于读写，只能用于帮助数据流控制，因为簇数据类型在本编译器中不支持。

第13章 RGB LED

13.1 Arduino LabVIEW 的 RGB LED 选板

RGB LED选板如图13-1所示，Arduino LabVIEW 的 RGB LED 选板上的 API VIs 可写数据到 1－wire 总线的 WS2811 和 WS2812 控制器上，来驱动 LED 光条，可在 https：//www.pololu.com/category/130/led－strips 找到。但必须指定 Arduino 数字输出接口。

图 13-1　RGB LED 选板

13.2　RGB LED 初 始 化

RGB LED 初始化如图13-2所示，RGB LED Initialize VI Instance 是 LED 发光条类实例引用，如果用了一条就设置为 0。可以创建驱动高达 3 条，接到不同的引脚，用不同的实例引用数字表示。模式选择到 WS2811 和 WS2812 控制器。

图 13-2　RGB LED 初始化

（1）Instance。RGB LED 类实例引用，数据类型是 U8。

（2）Number of Pixels。指定 LED 光条有多少颗 LED（或说是像素）要控制，数据类型是 U16。如果不需要全部加以控制，数值范围应在光条中 LED 数量之内。

（3）Pin。指定 Arduino 板上哪个数字引脚连到 LED 光条上，数据类型是 U16。

（4）Mode。指定 LED 光条的频率和 RGB 数据封装的次序，数据类型是 U16，参考一下所采用的 LED 光条文档，WS2812 控制器是 800kHz；大多新产品连线次序是 GRB，而针对 v1 FLORA 类像素则采用 WS2811 驱动，通常是 400kHz 的 RGB。

（5）error in。在 Arduino 硬件上错误连线只被用于编程时的数据流控制，错误簇中的数据不能用于读写，只能用于帮助数据流控制，因为簇数据类型在本编译器中不支持。

（6）error out。在 Arduino 硬件上错误连线只被用于编程时的数据流控制，错误簇中的数据不能用于读写，只能用于帮助数据流控制，因为簇数据类型在本编译器中不支持。

13.3 设置 RGB LED 像素颜色

设置 RGB LED 像素颜色如图 13-3 所示，RGB LED Set Pixel Color VI 在发光带上指定像素（或单颗 LED）的颜色，用红、绿和蓝（Red，Green 和 Blue）来表示，取值范围为 8 位（0~255），调用此 VI 不会立即更新，仅是配置装载新颜色值，直到调用 RGB LED Write.vi 才更新 LED 灯颜色。

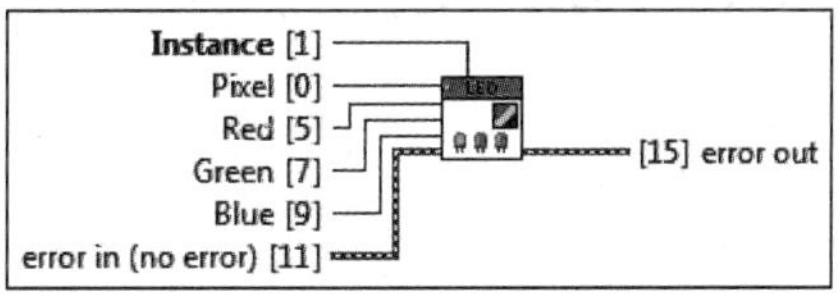

(1) Instance。RGB LED 类实例引用，数据类型是 U8。

(2) Pixel。指定更新哪个像素（或 LED），数据类型是 U16。

(3) Red。设置红颜色数值（0~255）到指定的 Pixel（像素或 LED），数据类型是 U16。

(4) Green。设置绿颜色数值（0~255）到指定的 Pixel（像素或 LED），数据类型是 U16。

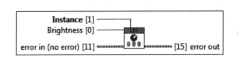

图 13-3 设置 RGB LED 像素颜色

(5) Blue。设置蓝颜色数值（0~255）到指定的 Pixel（像素或 LED），数据类型是 U16。

(6) error in。在 Arduino 硬件上错误连线只被用于编程时的数据流控制，错误簇中的数据不能用于读写，只能用于帮助数据流控制，因为簇数据类型在本编译器中不支持。

(7) error out。在 Arduino 硬件上错误连线只被用于编程时的数据流控制，错误簇中的数据不能用于读写，只能用于帮助数据流控制，因为簇数据类型在本编译器中不支持。

13.4 设置 RGB LED 亮度

设置 RGB LED 亮度如图 13-4 所示，RGB LED Set Brightness VI 在整条发光带上，设置 LED 灯的亮度，取值范围 0~255。

图 13-4 设置 RGB LED 亮度

(1) Instance。RGB LED 类实例引用，数据类型是 U8。

(2) Brightness。在整条发光带上，设置 LED 灯的亮度，数据类型是 U8，取值范围 0~255。

(3) error in。在 Arduino 硬件上错误连线只被用于编程时的数据流控制，错误簇中的数据不能用于读写，只能用于帮助数据流控制，因为簇数据类型在本编译器中不支持。

(4) error out。在 Arduino 硬件上错误连线只被用于编程时的数据流控制，错误簇中的数据不能用于读写，只能用于帮助数据流控制，因为簇数据类型在本编译器中不支持。

13.5 写 RGB LED

写 RGB LED 如图 13-5 所示，RGB LED Write VI 将此前设定的像素颜色和亮度值写入，改变 LEDs 的色彩。

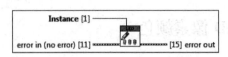

图 13-5　写 RGB LED

（1）Instance。RGB LED 类实例引用，数据类型是 U8。

（2）error in。在 Arduino 硬件上错误连线只被用于编程时的数据流控制，错误簇中的数据不能用于读写，只能用于帮助数据流控制，因为簇数据类型在本编译器中不支持。

（3）error out。在 Arduino 硬件上错误连线只被用于编程时的数据流控制，错误簇中的数据不能用于读写，只能用于帮助数据流控制，因为簇数据类型在本编译器中不支持。

第14章 串　　口

14.1　Arduino LabVIEW 的串口选板

如图 14-1 所示，串口 VI 选板是为 Arduino 板而设计的，因大多数板只有一个串口，所以 Serial Open. vi 必须要用到，小部分板子如 Mega 板，支持 4 个串口，第 2 个串口实际标为 "Serial 1"，第 3 个串口标为 "Serial 2"，以此类推。因此要使用对应的 "Serial X Open. vi" 与硬件串口衔接，使用本 VI 选板外的串口 VIs 均会导致编译出错。

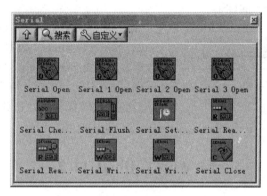

图 14-1　串口

14.2　打　开　串　口

打开串口如图 14-2 所示，Serial Open VI 初始化 Arduino 板串口 0 通信，所有 Arduino 板至少有一个串口（也称 UART 或 USART）：Serial。其与电脑通过 USB 通信，板内相连到数字引脚 0 （RX）和 1（TX）。如果调用此 VI，引脚 0 和 1 就不能用作普通 GPIO 口了。Arduino Mega 板拥有另外 3 个串口：串口 1 在引脚 19（RX）和 18（TX）；串口

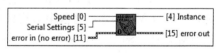

图 14-2　打开串口

2 在引脚 17（RX）和 16（TX）；串口 3 在引脚 15（RX）和 14（TX）；Arduino Due 板也有另外 3 个 3.3V TTL 电平串口：串口 1 在引脚 19（RX）和 18（TX）；串口 2 在引脚 17（RX）和 16（TX）；串口 3 在引脚 15（RX）和 14（TX）。其引脚 0 和 1 也连到 ATmega 16U2 USB - to - TTL 串口芯片相应管脚，从而连到 USB 调试端口：USB Debug Port。此外，SAM3X 芯片上有个本地 USB 转串口：SerialUSB。本 VI 也设置传输波特率，与电脑通信时，可选用下列常规波特率数值：300，600，1200，2400，4800，9600，14 400，19 200，28 800，38 400，57 600，115 200。当然，也可指定其他波特率数值。另外一个串口参数配置数据位、奇偶校验位和停止位，默认

为 8 个数据位，无奇偶校验位，1 个停止位。

（1）Speed。串口波特率，数据类型是 U32。

（2）Serial Settings。数据类型是 U16，定义了串口数据宽度，奇偶校验位和停止位。

（3）Instance。串口引用实例，数据类型是 U8。与随后的串口 VIs 相连，这些串口均代码硬件化了，访问时对应为：Serial：0，Serial 1：1，Serial 2：2，Serial3：3。

14.3　打开串口 1

打开串口 1 如图 14-3 所示，Serial 1 Open VI 打开串口 1VI，用于初始化 Arduino 板串口 1 通信。Arduino Mega 板拥有另外 3 个串口：串口 1 在引脚 19（RX）和 18（TX）；串口 2 在引脚 17（RX）和 16（TX）；串口 3 在引脚 15（RX）和 14（TX）。Arduino Due 板也有另外 3 个 3.3V TTL 电平串口：串口 1 在引脚 19（RX）和 18（TX）；串口 2 在引脚 17（RX）和 16（TX）；串口 3 在引脚 15（RX）和 14（TX）。其引脚 0 和 1 也连到 ATmega16U2 USB-to-TTL 串口芯片相应管脚，从而连到 USB 调试端口：USB Debug Port。此外，SAM3X 芯片上有个本地 USB 转串口：SerialUSB。

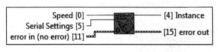

图 14-3　打开串口 1

（1）Speed。数据类型是 U32，串口波特率。

（2）Serial Settings。数据类型是 U16，定义了串口数据宽度，奇偶校验位和停止位。

（3）Instance。串口引用实例，数据类型是 U8。与随后的串口 VIs 相连，这些串口均代码硬件化了，访问时对应为：Serial：0，Serial 1：1，Serial 2：2，Serial3：3。

14.4　打开串口 2

打开串口 2 如图 14-4 所示，Serial 2 Open VI 打开串口 2VI，用于初始化 Arduino 板串口 2 通信。

（1）Speed。串口波特率，数据类型是 U32。

（2）Serial Settings。数据类型是 U16，定义了串口数据宽度，奇偶校验位和停止位。

（3）Instance。串口引用实例，数据类型是 U8。与随后的串口 VIs 相连，这些串口均代码硬件化了，访问时对应为：Serial：0，Serial 1：1，Serial 2：2，Serial3：3。

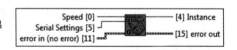

图 14-4　打开串口 2

14.5　打开串口 3

打开串口 3 如图 14-5 所示，Serial 3 Open VI 打开串口 3VI，用于初始化 Arduino 板串口 3 通信。

（1）Speed。串口波特率，数据类型是 U32。

（2）Serial Settings。数据类型是 U16，定义了串口数据宽度，奇偶校验位和停止位。

图 14-5　打开串口 3

（3）Instance。串口引用实例，数据类型是 U8。与随后的串口 VIs 相连，这些串口均代码硬件化了，访问时对应为：Serial：0，Serial 1：1，Serial 2：2，Serial3：3。

14.6 串口字节校验

串口字节校验如图14-6所示，Serial Check for Bytes VI 从串口读取到的字节数（字符数），这些数据已经接收并存储在接收缓冲区（拥有64字节空间）中。

（1）Instance。串口引用实例，数据类型是 U8。

（2）Bytes。从串口读取到的字节数，数据类型是 I32。

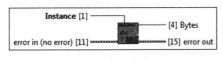

图14-6 串口字节校验

14.7 串 口 清 空

串口清空如图14-7所示，Serial Flush VI 清除串口数据 VI，等待串口输出数据完成，然后清除串口缓冲区数据。

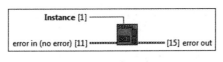

图14-7 串口清空

Instance。串口引用实例，数据类型是 U8。

14.8 串口读取字节

串口读取字节如图14-8所示，Serial Read Bytes VI 读取串口字节 VI，从串口读取字符数据装载进缓冲区，由长度 Length 或溢出时间（基于 Serial Set Timeout.vi 的设定值）来决定。这个 VI 也返回输出字符数据到缓冲区，如 Bytes Read 输出为0，意味着没发现有效数据。

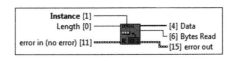

图14-8 串口读取字节

（1）Instance。串口引用实例，数据类型是 U8。

（2）Length。从串口读取的数据长度，数据类型是 I32。

（3）Data。数据类型是 U8，从串口读取到的数据为字节数组，如为 ASCII 码，可通过字节数组至字符串转换 VI 来实现复原。

（4）Bytes Read。数据类型是 I32，从串口实际读取到的数据长度。

14.9　串口读取字节直到检测到终端字符

如图 14 - 9 所示，Serial Read Bytes Until VI，串口读取字节直到 VI，从串口读取字符数据装载进缓冲区，直到检测到终端字符，可能由长度 Length 或溢出时间（基于 Serial Set Timeout. vi 的设定值）来决定。这个 VI 也返回输出字符数据到缓冲区，如 Bytes Read 输出为 0，意味着没发现有效数据。

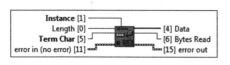

图 14 - 9　串口读取字节直到检测到终端字符

（1）Instance。串口引用实例，数据类型是 U8。

（2）Length。从串口读取的数据长度，数据类型是 I32。

（3）Term Char。数据类型是 U8，当接收数据时，定义终端字符来停止读取。

（4）Data。数据类型是 U8，从串口读取到的数据为字节数组，如为 ASCII 码，可通过字节数组至字符串转换 VI 来实现复原。

（5）Bytes Read。数据类型是 I32，从串口实际读取到的数据长度。

14.10　写二进制数到串口

如图 14 - 10 所示，Serial Write Bytes VI，写二进制数到串口 VI，数据以单个字节或一串字节发送。

（1）Instance。串口引用实例，数据类型是 U8。

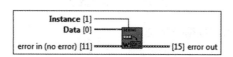

图 14 - 10　写二进制数到串口

（2）Data。数据类型是 U8，写到串口的字节数组。

14.11　写字符串到串口

如图 14 - 11 所示，Serial Write String VI 写字符串到串口。

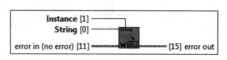

图 14 - 11　写字符串到串口

（1）Instance。串口引用实例，数据类型是 U8。

（2）String。数据类型是字符串 abc，写到串口的字符串。

14.12　设置串口溢出时间

设置串口溢出时间如图 14 - 12 所示，Serial Set Timeout VI，设置串口溢出时间 VI，当调用 Serial Read Bytes. vi 时，设定串口最大等待时长（ms），默认不连线其值为 1000ms。

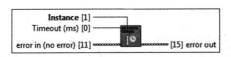

图 14 - 12　设置串口溢出时间

（1）Instance。串口引用实例，数据类型是 U8。

（2）Timeout（ms）。数据类型是 I32，设定串口最大等待接收数据时长（ms）。

14.13　关　闭　串　口

关闭串口如图 14 - 13 所示，Serial Close VI，并闭串口 VI，用于关闭串口通信，从而允许 RX 和 TX 引脚用作普通 GPIO 口。如要重新启用串口通信，需要调用 Serial X Open. vi。

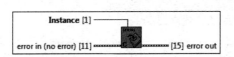

图 14 - 13　关闭串口

Instance。串口引用实例，数据类型是 U8。

第15章 SD 卡

15.1 Arduino LabVIEW 的 SD 卡选板

如图 15-1 所示，含 APIs 的 SD 卡选板，包括文件系统相关接口，用于创建、读取、写入文件和目录路径。Arduino 板上 SPI 接口片选端为默认引脚。

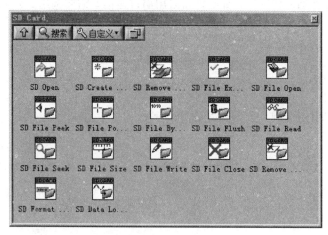

图 15-1 SD 卡

15.2 SD 打 开

SD 打开如图 15-2 所示，SD Open VI 打开 SD 卡并初始化。

图 15-2 SD 打开

（1）CS Pin。SPI 芯片选择引脚，数据类型是 U8。参考 Arduino 相关 SPI 文档：http：// arduino. cc/en/Reference/SDbegin ，确保 Arduino 板上的 CS 片选引脚与 SD 卡扩展板相匹配。

（2）error in。在 Arduino 硬件上错误连线只被用于编程时的数据流控制，错误簇中的数据不能用于读写，只能用于帮助数据流控制，因为簇数据类型在本编译器中不支持。

（3）success。判断是否操作成功，数据类型是布尔型 TF。

（4）error out。在 Arduino 硬件上错误连线只被用于编程时的数据流控制，错误簇中的数据不能用于读写，只能用于帮助数据流控制，因为簇数据类型在本编译器中不支持。

15.3 SD创建目录

SD创建目录如图15-3所示，SD Create Directory VI在SD卡上创建一个目录，这也将创建任何不存在的中间目录。例如，在目录中输入 A/B/C，将创建 A，B 和 C。注意：SD库使用8.3文件名，即最多8个字符的文件和目录名，3

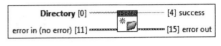

图15-3 SD创建目录

个字符的扩展名。文件和目录名是大写，虽然系统使用8.3标准通常是不区分大小写。

（1）Directory。数据类型是字符串 abc，在 SD 卡上保留创建的目录名，每个目录不超过 8 个字符。

（2）success。判断是否操作成功，数据类型是布尔型 TF。

15.4 SD移除目录

移除目录如图15-4所示，SD Remove Directory VI 从 SD 卡中移除输入的目录。

图15-4 SD移除目录

（1）Directory。数据类型是字符串 abc，输入从 SD 卡中要删除的目录。

（2）success。判断是否操作成功，数据类型是布尔型 TF。

15.5 SD文件是否存在

SD文件是否存在如图15-5所示，SD File Exists VI 如果输入文件名在 SD 卡上存在，则返回为真。

（1）Filename。数据类型是字符串 abc，保存在 SD 卡中要查找的文件名称。

（2）exists。数据类型是布尔型 TF，如果文件在 SD 卡上找到，则返回为真，否则为假。

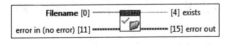

图15-5 SD文件是否存在

15.6 SD文件打开

SD文件打开如图15-6所示，SD File Open VI 打开输入端指定的文件，模式有 read 或

图15-6 SD文件打开

read_write 供选择。注意：SD卡库使用了8.3文件名格式，主体文件名不超过8个字符，扩展名为3个字符。虽然按照标准8.3文件格式，文件名是不分大小写的，但在这里规定为大写。

（1）File。数据类型是字符串 abc，打开已保存的文件的文件名。限制为 8 个字符，再加上 3 个字符扩展名。

（2）Mode。执行操作的工作模式。

（3）File Reference。数据类型是 I32，打开文件所对应的引用。

（4）opened。数据类型是布尔型 TF，判断是否操作成功。

15.7 SD 文件窥取

文件窥取如图 15-7 所示，SD File Peek VI 从文件中读取一个字节而不指向下一个。也就是说 peek（）连续调用将返回相同的值，如同下次调用 read（）。

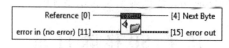

图 15-7 SD 文件窥取

（1）Reference。SD 卡引用参考，数据类型是 I32。

（2）Next Byte。SD 卡使用中的下一个字节，数据类型是 I8。

15.8 SD 文件位置

SD 文件位置如图 15-8 所示，SD File Position VI 获取文件中的当前位置（即下一个字节将写入该文件的位置）。

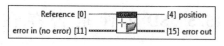

图 15-8 SD 文件位置

（1）Reference。SD 卡引用参考，数据类型是 I32。

（2）position。返回当前文件位置，数据类型是 U32。

15.9 SD 文件可能字节数

SD 文件可能字节数如图 15-9 所示，SD File Bytes Available VI 从 SD 卡文件返回可能读取到的字节数。

图 15-9 SD 文件可能字节数

（1）Reference。SD 卡引用参考，数据类型是 I32。

（2）Bytes。可能读取的总共字节数，数据类型是 I32。

15.10　SD文件刷新

SD文件刷新如图15-10所示，SD File Flush VI确保写入到该文件的任何字节都被物理保存到SD卡，当文件关闭时自动完成。

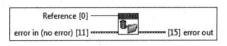

图15-10　SD文件刷新

Reference。SD卡引用参考，数据类型是I32。

15.11　SD文件读取

SD文件读取如图15-11所示，SD File Read VI响应读取文件Length输入的字节数。

（1）Reference。SD卡引用参考，数据类型是I32。

（2）Length。从串行口读取的数据长度，数据类型是I32。

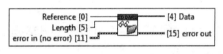

图15-11　SD文件读取

（3）Data。数据类型是U8，从串行口读取的字节数组数据。如果接收的数据是ASCII码字符，则可能通过使用Byte Array to String LabVIEW原生VI进行转换变成字符串。

15.12　SD文件查询

SD文件查询如图15-12所示，SD File Seek VI在文件新位置中查询，它必须在0和文件大小（包含）之间。

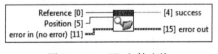

图15-12　SD文件查询

（1）Reference。SD卡引用参考，数据类型是I32。

（2）Position。查询的文件位置，数据类型是U32。

（3）success。检测输入的位置是否成功查询到，数据类型是布尔型TF。

15.13　SD文件大小

SD文件大小如图15-13所示，SD File Size VI获取文件字节数大小。

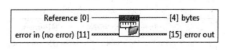

图15-13　SD文件大小

（1）Reference。SD卡引用参考，数据类型是I32。

（2）bytes。响应的文件字节数，数据类型是U32。

15.14 SD文件写入数组

SD文件写入数组如图15-14所示，SD File Write Array VI对指定文件写入数据。

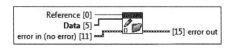

图15-14 SD文件写入数组

（1）Reference。SD卡引用参考，数据类型是I32。

（2）Data。写入文件的字节数组，数据类型是U8。

15.15 SD文件写入字符串

SD文件写入字符串如图15-15所示，SD File Write String VI在String输入端写入字符串到文件中。

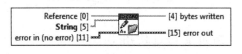

图15-15 SD文件写入字符串

（1）Reference。SD卡引用参考，数据类型是I32。

（2）String。将要写入到文件中的字符串数据内容，数据类型是字符串abc。

（3）bytes written。写到文件中的总共字节数，数据类型是U32。

15.16 SD文件关闭

SD文件关闭如图15-16所示，SD File Close VI关闭该文件，并确保将所写的数据保存到SD卡。

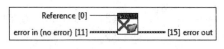

图15-16 SD文件关闭

Reference。SD卡引用参考，数据类型是I32。

15.17 SD文件移除

SD文件移除如图15-17所示，SD Remove File VI从SD卡中移除File输入端的文件。

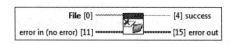

图15-17 SD文件移除

（1）File。保持在 SD 卡中将要被移除的文件，数据类型是字符串 abc。

（2）success。判断是否操作成功，数据类型是布尔型 TF。

15.18 SD 格式化 CSV 数据

SD 格式化 CSV 数据如图 15-18 所示，SD Format CSV Data VI 将转换双精度数组数据为 CSV 行，从而准备保存为 SD 卡上的 CSV 文件。如果设定为 True，将在行尾附上时间戳。

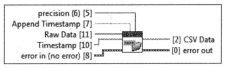

图 15-18　SD 格式化 CSV 数据

（1）precision。设置从双精度到字符串转换的数字精度，数据类型是 I16。

（2）Append Timestamp。数据类型是布尔型 TF。如果设置为 True，此 VI 将时间戳附加在数据 CSV 行尾。

（3）Raw Data。将转换成 CSV 行的原始数据，数据类型是双精度数据 DBL。

（4）Timestamp。数据类型是字符串 abc，时间戳字符串或其他标签，附加在 CSV 行尾。

（5）CSV Data。数据类型是字符串 abc，准备保存成 CSV 文件的格式化的 CSV 行。

15.19 SD 数 据 记 录

SD 数据记录如图 15-19 所示，SD Data Logger VI 执行一个简单数据记录应用程序所需的所有任务。假定有一块 Arduino SD 卡扩展板，本 VI 设计成一种包含多个复杂数据记录应用的循环子 VI 模式，更多信息可参考例程中的 Datalogger. vi。

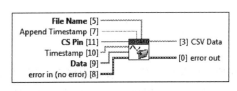

图 15-19　SD 数据记录

（1）File Name。保持打开的文件名，数据类型是字符串 abc。

（2）Append Timestamp。数据类型是布尔型 TF。如果设置为 True，此 VI 将时间戳附加在数据 CSV 行尾。

（3）CS Pin。数据类型是 U8。SPI 芯片选择引脚。可参照 Arduino SPI 相关文档：http：// arduino. cc/en/Reference/SDbegin 。确保 CS Pin 匹配对应你采用的 Arduino SD 卡扩展板。

（4）TimeStamp。数据类型是字符串 abc。时间戳字符串或其他标签，附加在 CSV 行尾。

（5）Data。数据类型是双精度数据 DBL。从串口读取的字节数组数据。如果接收的数据是 ASCII 码字符，使用 Byte Array to String LabVIEW 原生 VI 转换成字符串。

（6）CSV Data。数据类型是字符串 abc，准备保存成 CSV 文件的格式化的 CSV 行。

第16章 SPI

16.1 Arduino LabVIEW 的 SPI 选板

SPI 选板如图 16-1 所示，SPI 选板 APIs 针对相连此端口的传感器和器件，这些 VIs 只支持主机模式访问 SPI 外设。

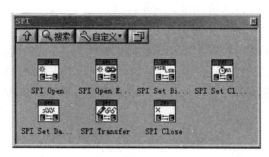

图 16-1 SPI 选板

16.2 SPI 打 开

SPI 打开如图 16-2 所示，SPI Open VI 通过设置 SCK、MOSI 和 SS 引脚为输出，将 SCK 和 MOSI 引脚电平拉低，SS 引脚电平拉高，来初始化 SPI 总线，提醒本 API 只支持主模式，AVR 板 CS Pin 在 SPI 传输中可配置任意数字 I/O 引脚作为输出，Arduino Due 板 CS Pin 的配置直接由 SPI 接口管理，必须是允许中的引脚。一旦配置了就不能再作为通用 I/O 口，除非你调用此引脚对应的 SPI Close.vi。Arduino Due 板允许配置成 CS Pin 的只有 4，10，52 和 54（对应 A0）。

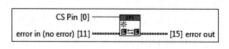

图 16-2 SPI 打开

（1）CS Pin。数据类型是 U8，指定 Arduino 从机片选引脚，而 Arduino Due 板支持多个 CS 引脚。

（2）error in。在 Arduino 硬件上错误连线只被用于编程时的数据流控制，错误簇中的数据不能用于读写，只能用于帮助数据流控制，因为簇数据类型在本编译器中不支持。

（3）error out。在 Arduino 硬件上错误连线只被用于编程时的数据流控制，错误簇中的数据不能用于读写，只能用于帮助数据流控制，因为簇数据类型在本编译器中不支持。

16.3　SPI 快速打开

SPI 快速打开如图 16-3 所示，SPI Open Express VI 通过设置 SCK、MOSI 和 SS 引脚为输出，将 SCK 和 MOSI 引脚电平拉低，SS 引脚电平拉高，来初始化 SPI 总线，提醒本 API 只支持主模式，AVR 板 CS Pin 在 SPI 传输中可配置任意数字 I/O 引脚作为输出，Arduino Due 板 CS Pin 的配置直接由 SPI 接口管理，必须是允许中的引脚。一旦配置了就不能再作为通用 I/O 口，除非你调用此引脚对应的 SPI Close. vi。Arduino Due 板允许配置成 CS Pin 的只有 4，10，52 和 54（对应 A0）。

（1）CS Pin。数据类型是 U8，指定 Arduino 从机片选引脚，而 Arduino Due 板支持多个 CS 引脚。

（2）order。数据类型是枚举型，指定 SPI 总线的移位次序，要么 LSB（最低位）优先，要么 MSB（最高位）优先。

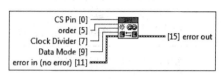

图 16-3　SPI 快速打开

（3）Clock Divider。数据类型是 U8，AVR 板子设定为：0：4 分频；1：16 分频；2：64 分频；3：128 分频；4：2 分频；5：8 分频；6：32 分频；缺省为 0（4 分频）。即 SPI 的时钟频率是系统时钟频率的 1/4（16MHz 的板子分配为 4MHz）。Arduino Due 板：系统时钟能被分频成 1～255 的任意值。缺省值为 21，即设定为跟其他 Arduino 板子一样的 4MHz 的频率。

（4）Data Mode。数据类型是枚举型，SPI 的数据模式指定了时钟的极性和相位。

16.4　SPI 设置移位次序

如图 16-4 所示，SPI Set Bit Order VI 设定 SPI 总线的移位次序，要么 LSB（最低位）优先，要么 MSB（最高位）优先。Arduino Due 板的移位次序由连接到 CS Pin 的引脚来指定。

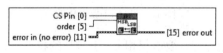

图 16-4　SPI 设置移位次序

（1）CS Pin。数据类型是 U8，指定 Arduino 从机片选引脚，而 Arduino Due 板支持多个 CS 引脚。

（2）order。数据类型是枚举型，指定 SPI 总线的移位次序，要么 LSB（最低位）优先，要么 MSB（最高位）优先。

16.5　SPI 设置时钟分频

如图 16-5 所示，SPI Set Clock Divider VI 设定 SPI 对应系统时钟的分频。AVR 板子设定为：0：4 分频；1：16 分频；2：64 分频；3：128 分频；4：2 分频；5：8 分频；6：32 分频；缺省为 0（4 分频）。即 SPI 的时钟频率是系统时钟频率的 1/4（16MHz 的板子分配为 4MHz）。Arduino Due 板：系统时钟能被分频成 1～255 的任意值。缺省值为 21，即设定为跟其他 Arduino 板子一样的 4MHz 的频率。Arduino Due 板时钟分频设定应用只对应特定连接到 CS Pin 的引脚。

（1）CS Pin。数据类型是 U8，指定 Arduino 从机片选引脚，而 Arduino Due 板支持多个 CS 引脚。

（2）Clock Divider。数据类型是 U8，AVR 板子

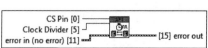

图 16-5　SPI 设置时钟分频

设定为：0：4 分频；1：16 分频；2：64 分频；3：128 分频；4：2 分频；5：8 分频；6：32 分频；缺省为 0（4 分频）。即 SPI 的时钟频率是系统时钟频率的 1/4（16MHz 的板子分配为4MHz）。Arduino Due 板：系统时钟能被分频成 1～255 的任意值。缺省值为 21，即设定为跟其他 Arduino 板子一样的 4MHz 的频率。

16.6　SPI 设置数据模式

如图 16-6 所示，SPI Set Data Mode VI 设定 SPI 数据模式：相关时钟极性和相位。对于Arduino Due 板，跟连接指定的 CS Pin 有关。

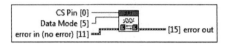

图 16-6　SPI 设置数据模式

（1）CS Pin。数据类型是 U8，指定 Arduino 从机片选引脚，而 Arduino Due 板支持多个 CS 引脚。

（2）Data Mode。数据类型是枚举型，SPI 的数据模式指定了时钟极性和相位。

16.7　SPI 数据传输

SPI 数据传输如图 16-7 所示，SPI Transfer VI 通过 SPI 总线传输一个字节数据，发送、接收同步。所有 Arduino 板，数据传输时，CS Pin 引脚激活（拉低），数据传输发生之前和数据传输完成时 CS Pin 引脚不被激活（拉高），从机选择线拉低后，通知 SPI 传输数据有个 5ms 的自动延时，可使用 Transfer Mode 参数来管理传输完成后的从机选择线电平，低电平表示持续传输另一字节数据内容，高电平表示全部数据传送完成。

（1）CS Pin。数据类型是 U8，指定 Arduino 从机片选引脚，而 Arduino Due 板支持多个 CS 引脚。低电平时数据传输才有效。

（2）Data。数据类型是 U8，通过 SPI 总线传输单字节数据。

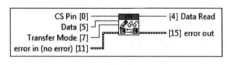

图 16-7　SPI 数据传输

（3）Transfer Mode。数据类型是枚举型，数据传输完后，要么保留 CS 引脚持续拉低，要么拉高。

（4）Data Read。数据类型是 U8，SPI 总线数据传输中，读取到的单个字节内容。

16.8　SPI 关闭

SPI 关闭如图 16-8 所示，SPI Close VI 禁用 SPI 总线（释放设置的引脚模式），对于 Arduino Due 板，CS 引脚可作为通用 I/O 口，其他 AVR 板，该引脚输入没影响。

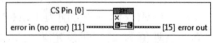

图 16-8　SPI 关闭

CS Pin。数据类型是 U8，指定 Arduino 从机片选引脚，而 Arduino Due 板支持多个 CS 引脚。

第17章 I²C ——

17.1 Arduino LabVIEW 的 I²C 选板

I²C 选板如图 17-1 所示，I²C 选板的 APIs 可连接到其他传感器、外设，只须使用两根数字信号线。可配置主机或从机，也支持 I²C 接收中断。

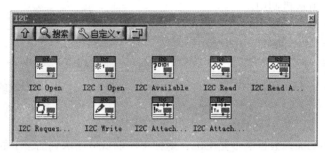

图 17-1 I²C 选板

17.2 I²C 打 开

I²C 打开如图 17-2 所示，I²C Open VI 初始化 I²C 端口 （SDA/SCL），作为主机或从机连接到 I²C 总线。如果 Mode 设置为 Master，则 Slave Address 忽略不计，如果 Mode 设置为 Slave，则 Slave Address 启用。

(1) Slave Address。数据类型是 U8，在从机 (Slave) 模式定义从机地址。

(2) Mode。数据类型是枚举型，定义是否为主机 (Master) 或从机 (Slave) 模式，如设置为从机 (Slave)，则 Slave Address 有效。

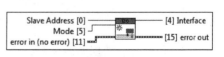

图 17-2 I²C 打开

(3) error in。在 Arduino 硬件上错误连线只被用于编程时的数据流控制，错误簇中的数据不能用于读写，只能用于帮助数据流控制，因为簇数据类型在本编译器中不支持。

(4) Interface。数据类型是 U8，I²C 端口的参考引用，与后续 I²C 接口 VIs 相连。

(5) error out。在 Arduino 硬件上错误连线只被用于编程时的数据流控制，错误簇中的数据不能用于读写，只能用于帮助数据流控制，因为簇数据类型在本编译器中不支持。

17.3 I²C 1 打 开

I²C 1 打开如图 17-3 所示，I²C 1 Open VI 初始化 I²C 1 端口 （只是 Arduino Due 板 SDA1/SCL1），作为主机 （Master） 或从机 （Slave） 连接到 I²C 总线。

Arduino Due 板有两组 I²C 端口：20（SDA），21（SCL），SDA1，SCL1。如果 Mode 设置为 Master，则 Slave Address 忽略不计，如果 Mode 设置为 Slave，则 Slave Address 启用。

（1）Slave Address。数据类型是 U8，在从机（Slave）模式定义从机地址。

（2）Mode。数据类型是枚举型，定义是否为主机（Master）或从机（Slave）模式，如设置为从机（Slave），则 Slave Address 有效。

（3）Interface。数据类型是 U8，I²C 接口的参考引用，与后续 I²C 接口 VIs 相连。

17.4　I²C可读取的字节

可读取的字节如图 17-4 所示，I²C Available VI 使用 I²C Read. vi 或 I²C Read All Bytes. vi 返回检索到的字节数，调用 I²C Request From. vi 后由主机调用，或在 I²C Attach Receive Interrupt Callback VI 中由从机调用。

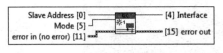

图 17-3　I²C 1 打开

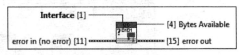

图 17-4　I²C可读取的字节

（1）Interface。数据类型是 U8，I²C 端口参考引用。

（2）Bytes Available。数据类型是 U32，返回 I²C 端口可读取到的字节数。

17.5　I²C　读

I²C 读如图 17-5 所示，I²C Read VI 从指定的 I²C 端口读取一个字节。当 I²C Available. vi 返回非 0 字节数，该 VI 才启用。

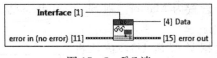

图 17-5　I²C 读

（1）Interface。数据类型是 U8，I²C 端口的参考引用。

（2）Data。数据类型是 U8，从 I²C 端口读取数据字节。

17.6　I²C读取所有字节

如图 17-6 所示，I²C Read All Bytes VI 从指定 I²C 端口读取所有字节内容。

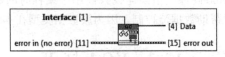

图 17-6　I²C 读取所有字节

（1）Interface。数据类型是 U8，I²C 端口的参考引用。

（2）Data。数据类型是 U8，从 I²C 端口读取一个字节数组数据。如果接收的是 ASCII 码字符数据，可通过 LabVIEW 字节数组到字符串原生 VI 转换获取字符串。

17.7 I²C 消息请求

I²C 消息请求如图 17-7 所示，I²C Request From VI 主机上使用，请求从机的数据。通过 I²C Read. vi 和 I²C Read All Bytes. vi 函数来提取字节内容。

(1) Slave Address。数据类型是 U8，主机请求数据的从机地址。

(2) Interface。数据类型是 U8，I²C 端口的参考引用。

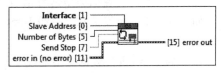

图 17-7 I²C 消息请求

(3) Number of Bytes。数据类型是 U32，请求从机的字节数。

(4) Send Stop。数据类型是布尔型 TF，I²C 总线请求释放后，拉高电平作为停止信号发送。若为低电平，重发消息。总线不释放，防止另一主机请求消息。这使得一个主机能发送多个请求。

17.8 I²C 写 数 组

I²C 写数组如图 17-8 所示，I²C Write Array VI 主机写数据，从机响应，或者主机发送队列字节到从机。

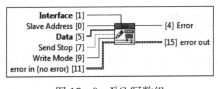

图 17-8 I²C 写数组

(1) Slave Address。数据类型是 U8，主机发送数据的从机地址。

(2) Interface。数据类型是 U8，I²C 端口的参考引用。

(3) Data。数据类型是 U8，发送给从机的数据。

(4) Send Stop。数据类型是布尔型 TF，I²C 总线请求释放后，拉高电平作为停止信号发送。若为低电平，重发消息。总线不释放，防止另一主机请求消息。这使得一个主机能发送多个请求。

(5) Write Mode。数据类型是枚举型，传输调用中定义如何处理起始和结束信号。

(6) Begin and End。在发送队列数据之前，发送起始信号，队列数据发送完后，发送结束信号。强制发送所有数据和停止信号或重新启动。

(7) Begin and Queue。只传送起始信号和队列数据，不发送停止信号也不重新启动，在结束整个传输之前还可另外调用写数据。

(8) Queue and End。这种模式假定总线事先已经发送了起始信号，传送队列数据和结束信号。强制发送所有数据和停止信号或重新启动。

(9) Queue Only。只传送队列数据，不发送起始信号和结束信号。

(10) Error。数据类型是 U32，检测数据传输状态。0：成功；1：数据太长，放入传输缓冲区；2：地址传输接收 NACK；3：数据传输接收 NACK；4：其他错误。

17.9 I²C 写 字 节

I²C 写字节如图 17-9 所示，I²C Write Byte VI 主机写数据，从机响应，或主机发送字节数据到从机。

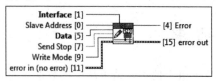

图17-9　I²C写字节

（1）Slave Address。数据类型是U8，主机发送数据的从机地址。

（2）Interface。数据类型是U8，I²C端口的参考引用。

（3）Data。数据类型是U8，发送给从机的数据。

（4）Send Stop。数据类型是布尔型TF，I²C总线请求释放后，拉高电平作为停止信号发送。如为低电平，重发消息。总线不释放，防止另一主机请求消息。这使得一个主机能发送多个请求。

（5）Write Mode。数据类型是枚举型，传输调用中定义如何处理起始和结束信号。

1）Begin and End。在发送队列数据之前，发送起始信号，队列数据发送完后，发送结束信号。强制发送所有数据和停止信号或重新启动。

2）Begin and Queue。只传送起始信号和队列数据，不发送停止信号也不重新启动，在结束整个传输之前还可另外调用写数据。

3）Queue and End。这种模式假定总线事先已经发送了起始信号，传送队列数据和结束信号。强制发送所有数据和停止信号或重新启动。

4）Queue Only。只传送队列数据，不发送起始信号和结束信号。

（6）Error。数据类型是U32，检测数据传输状态。0：成功；1：数据太长，放入传输缓冲区；2：地址传输接收NACK；3：数据传输接收NACK；4：其他错误。

17.10　I²C 写字符串

I²C写字符串如图17-10所示，I²C Write String VI主机写数据，从机响应。或主机到从机传送队列数据，自动调用起始信号和结束信号。

（1）Slave Address。数据类型是U8，主机发送数据的从机地址。

（2）Interface。数据类型是U8，I²C端口的参考引用。

（3）Data。数据类型是U8，发送到从机的字符串内容。

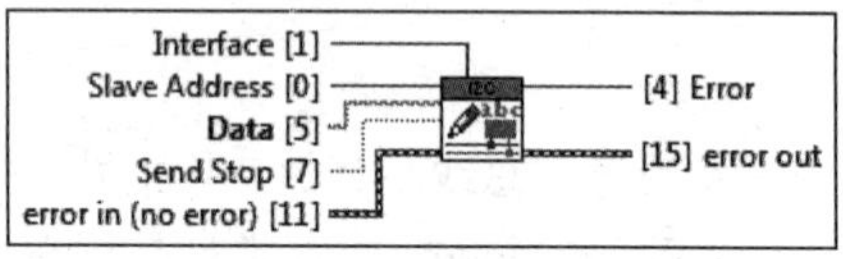

图17-10　I²C写字符串

（4）Send Stop。数据类型是布尔型TF，I²C总线请求释放后，拉高电平作为停止信号发送。如为低电平，重发消息。总线不释放，防止另一主机请求消息。这使得一个主机能发送多个请求。

（5）Error。数据类型是U32，检测数据传输状态。0：成功；1：数据太长，放入传输缓冲区；2：地址传输接收NACK；3：数据传输接收NACK；4：其他错误。

17.11　I²C 接收中断配置

I²C接收中断配置如图17-11所示，I²C Attach Receive Interrupt VI当从机收到主机传送过来的信号时，通过VI Reference来调用回调VI。当从机收到数据后，调用单个U16参数（由主机读取），不返回任何数值，回调VI才起作用。在回调VI中，延时VI不工作，即Tick

Count VIs 返回值没递增。此 VI 函数中，串行接收数据可能会丢失，回调 VI 与其他 VI 间的数据交换，必须使用全局中断变量。

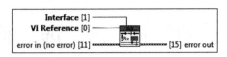

图 17-11　I²C 接收中断配置

（1）VI Reference。中断发生时，回调 VI 的参考引用。
（2）Interface。数据类型是 U8，I²C 端口的参考引用。

17.12　I²C 请求中断配置

I²C 请求中断配置如图 17-12 所示，I²C Attach Request Interrupt VI 当主机向从机请求数据时，通过 VI Reference 来调用回调 VI。当主机请求数据时，没调用任何参数，也不返回任何数值，回调 VI 就已起作用。在回调 VI 中，延时 VI 不工作，即 Tick Count VIs 返回值没递增。此 VI 函数中，串行接收数据可能会丢失，回调 VI 与其他 VI 间的数据交换，必须使用全局中断变量。

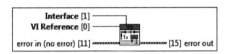

图 17-12　I²C 请求中断配置

（1）VI Reference。中断发生时，回调 VI 的参考引用。
（2）Interface。数据类型是 U8，I²C 端口的参考引用。

18.1 Arduino LabVIEW 的伺服选板

如图 18-1 所示，伺服选板包括的接口 APIs 通过数字引脚对应到伺服电机。

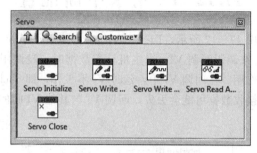

图 18-1 伺服选板

18.2 伺 服 初 始 化 VI

伺服初始化 VI 如图 18-2 所示，Servo Initialize VI 添加伺服变量到引脚上。在大多数 Arduino 板件，伺服 API 支持高达 12 个电机，Mega 板不同，该库不能用在引脚 9 和 10，对其他引脚有些支持有些不支持，Mega 板能支持高达 12 个伺服，有些未接口到 PWM 功能。

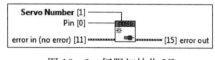

图 18-2 伺服初始化 VI

（1）Pin。数据类型是 U16，伺服电机信号连线数字引脚。

（2）Servo Number。数据类型是 U8，伺服电机的参考引用，每个独立电机必须是唯一标识。

（3）error out。在 Arduino 硬件上错误连线只被用于编程时的数据流控制，错误簇中的数据不能用于读写，只能用于帮助数据流控制，因为簇数据类型在本编译器中不支持。

（4）error in。在 Arduino 硬件上错误连线只被用于编程时的数据流控制，错误簇中的数据不能用于读写，只能用于帮助数据流控制，因为簇数据类型在本编译器中不支持。

18.3 伺 服 写 角 度 VI

伺服写角度 VI 如图 18-3 所示，Servo Write Angle VI 为伺服驱动写的角度，对轴进行相应控制。

（1）Angle。数据类型是 I32，为伺服驱动写的角度，对轴进行相应控制。在一个标准的伺

Servo Number [1]
Angle [0]
SERVO
error in (no error) [11]
[15] error out

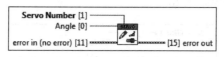

图 18-3　伺服写角度 VI

服系统中，要设置轴的角度（单位：度），移动轴的转向。在连续旋转伺服系统中，要设置轴的转速（0 为一个方向是全速；180 为另一方向的全速；接近 90 则不移动）。

（2）Servo Number。数据类型是 U8，伺服电机的参考引用，每个独立电机必须是唯一标识。

18.4　伺服写脉宽 VI

伺服写脉宽 VI 如图 18-4 所示，Servo Write Pulse Width VI 写一个以微秒为单位的脉宽到伺服，控制相应轴。

注意：一些制造商没按照这种标准，以致经常在 700～2300 响应。自由增加这些终端点，直到伺服动作范围不再扩大。

Servo Number [1]
Pulse Width (us) [0]
SERVO
error in (no error) [11]
[15] error out

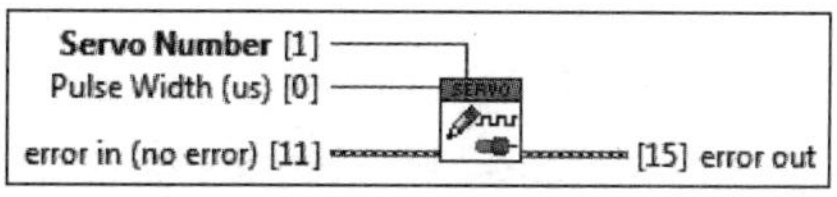

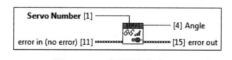

图 18-4　伺服写脉宽 VI

尝试驱动伺服过终点（经常检测到咆哮的声音），处高电流状态，应当加以避免；持续旋转伺服以一种类似写微秒功能的方式来写。

（1）Pulse Width（μs）。数据类型是 I32，是以微秒为单位的脉宽写入伺服，控制相应轴。在一个标准的伺服系统中，要设置轴的角度，参数 1000 代表全速逆时针，2000 为顺时针，1500 为中间。

（2）Servo Number。数据类型是 U8，伺服电机的参考引用，每个独立电机必须是唯一标识。

18.5　伺服读角度 VI

如图 18-5 所示，Servo Read Angle VI 读取当前伺服的角度（放在 Servo Write Angle. vi 后面）。

Servo Number [1]
SERVO
[4] Angle
error in (no error) [11]
[15] error out

图 18-5　伺服读角度 VI

（1）Servo Number。数据类型是 U8，伺服电机的参考引用，每个独立电机必须是唯一标识。

（2）Angle。数据类型是 U16，是当前伺服的角度。

18.6　伺服关闭 VI

伺服关闭 VI 如图 18-6 所示，Servo Close VI 从伺服引脚断开。如果所有伺服变量断开，那时引脚 9 和 10 可能用于 PWM 输出。

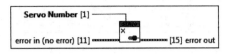

图 18－6　伺服关闭 VI

Servo Number。数据类型是 U8，伺服电机的参考引用，每个独立电机必须是唯一标识。

第19章 范 例

19.1 Arduino LabVIEW 编译器

Arduino LabVIEW 编译器 LOGO 如图 19-1 所示。

图 19-1 Arduino LabVIEW 编译器 LOGO

Arduino LabVIEW 嵌入设计编译器封装了各种不同的实例，以便用户快速上手运行。这些实例都在众多 Arduino 硬件平台上测试通过，包括 Uno，Mega，Leonardo，Yun，Due，如果实例中包括前面板控件，可改变其数据内容，需要重新编译下载才行。当然没必要再次保存。下面讲解一些实例。

19.2 数字量输入-轮询按键 (Digital Input - Polling a Button)

该范例展示了在 Arduino 板件上如何读取数字输入，如图 19-2 所示，其数字输入假定连线到按键上，一端连接到低电平端，VI 程序做了消抖处理。当按键按下，数字输出切换，通过连线到板上数字引脚 13 的 LED 灯来显示。

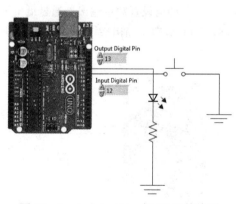

图 19-2 Arduino Uno 板 IO 口接线图

注意：源程序在中文环境下编译会出错的，应修改成如图 19-3 所示的数字 IO 按键轮询处理框图样式。

图 19-3 中各序号意义如下。

1. 调用 Pin Mode.vi 设置引脚为数字输出；

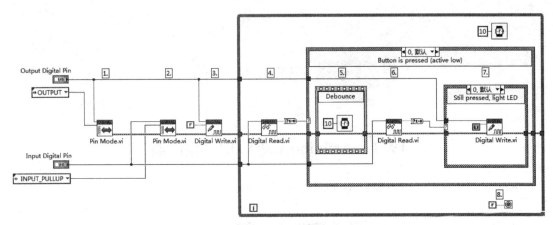

图 19 - 3 数字 IO 按键轮询处理框图样式

2. 调用 Pin Mode. vi 设置按键为输入，内部电阻上拉，按键没按下保留为高电平；

3. 调用 Digital Write. vi 初始化输出引脚为 0V，LED 灯关闭；

4. 调用 Digital Write. vi 读取按键状态，如果没按下，应为高电平；

5. 如果按键按下，必须做些按键消抖处理，即添加点延时然后再读取，毕竟是款手动开关，如果输入为非接触式，这样去测量就没必要了；

6. 再次读取数字输入；

7. 如果输入还处于键按下的低电平状态，那么点亮输出 LED 灯；

8. 无限循环。

注意：错误簇的连线仅为数据流方向控制，簇在这种 Arduino 硬件部署场合是不能改写访问的。

19.3 数字量输出- LED 灯闪烁 (Digital Output - Blink LED)

该范例展示了在 Arduino 板件上如何设置数字输出，通过低电平（0V）和高电平（5V）来驱动 LED 灯的开和关。Arduino Uno 板数字输出接线图如图 19 - 4 所示，连线到板上数字引脚 13 的 LED 灯来显示。

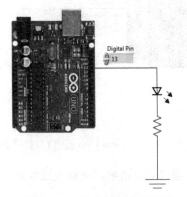

图 19 - 4 数字量输出接线图

LED 灯闪烁控制程序框图如图 19 - 5 所示。

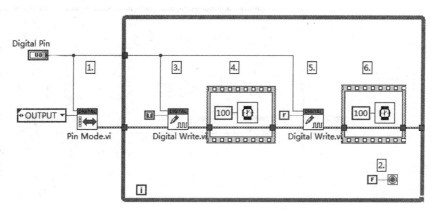

图 19-5　LED 灯闪烁控制程序框图

图 19-5 中各序号意义如下。

1. 调用 Pin Mode. vi 设置引脚为数字输出；
2. 无限循环；
3. 调用 Digital Write. vi，写高电平（5V）到数字引脚；
4. 保持输出 100ms；
5. 调用 Digital Write. vi，写低电平（0V）到数字引脚；
6. 保持输出 100ms。

19.4　模拟量输入-采集温度（Analog Input – Temperature）

Arduino Uno 板模拟输入温度采集接线图如图 19-6 所示。

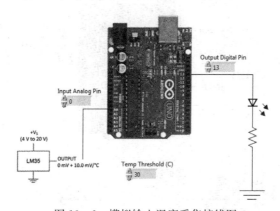

图 19-6　模拟输入温度采集接线图

该实例展示了如何读取 Arduino 板件上的模拟输入端电压值，用 LM-35 或 TMP35 温度传感器连接，将采集的电压转换为摄氏温度。如果温度大于在前面板设定的临界值，数字输出拉到高电平。否则，一直为低电平。通过 LED 灯来显示。为了展示该效果，通过连线到板上数字引脚 13 的 LED 灯来实现。

模拟输入温度采集控制程序框图如图 19-7 所示。

图 19-7 中各序号意义如下。

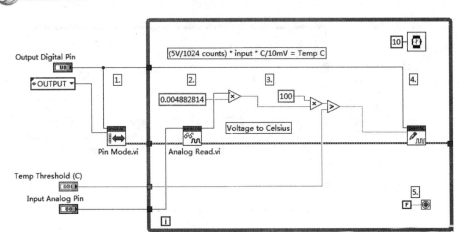

图 19-7　模拟输入温度采集程序框图

1. 调用 Pin Mode. vi 设置引脚为数字输出；
2. 调用 Analog Read. vi 读取指定模拟量引脚电压；
3. 基于指定的 LM-35 或 TMP35 温度传感器，转换 10 位模拟电压值为摄氏温度值；
4. 如果转换得到的温度大于临界值，数字输出开启，否则关闭；
5. 无限循环。

19.5　模拟量输入-3轴加速度（Analog Input-3 Axis Accelerometer）

模拟量输入-3轴加速度接线图如图 19-8 所示。

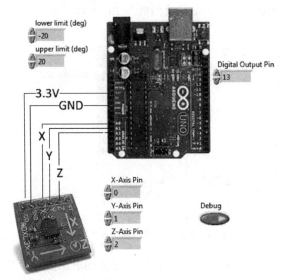

图 19-8　模拟量输入-3轴加速度接线图

模拟量输入-3轴加速度控制程序如图 19-9 所示。

该实例展示了如何采集 3 轴加速度传感器的模拟值，电源供应 3.3V（如 ADXL335），如转向在给定范围内，转换轴滚到确定的数值。这跟我们手机的转向，确定屏幕是竖屏模式还是横屏模式的模拟控制类似。

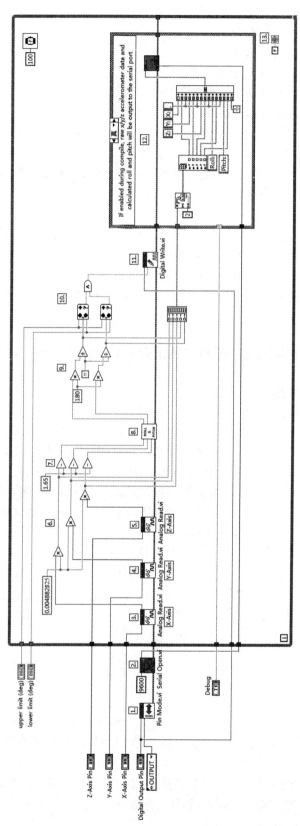

图 19 - 9 模拟量输入－3 轴加速度接线图

图 19-9 中各序号意义如下。

1. 调用 Pin Mode. vi 设置引脚为数字输出；

2. 调试时打开串口发送加速度计数据；

3. 从 x 轴通道调用 Analog Read. vi 采集电压；

4. 从 y 轴通道调用 Analog Read. vi 采集电压；

5. 从 z 轴通道调用 Analog Read. vi 采集电压；

6. 基于 5V 范围转换成 10 位的实际电压值，即使是 3.3V 传感器，我们也使用 5V 的参考电压，（5V/1024 计数值）＊输入＝0.004 882 812 5＊输入；

7. 减去 0g 的偏置电压，差不多为中间轨道的电压 1.65V（参考加速度计的数据手册）；

8. 转换 x/y/z 加速度计为滚轴的弧度；

9. 转换弧度为度数；

10. 检查滚轴所处位置，从而判定加速度计是否处于相对平坦的一定公差范围内，如果传感器值在 x 或 y 方向超过设定范围，则输出 LED 灯关闭；

11. 如果滚轴处于给定范围，点亮 LED 灯，否则关闭；

12. 如果调试，使加速度原始 x/y/z 电压值和计算后的滚轴值通过串口发送出去；

13. 无限循环。

19.6 模拟量输出-PWM（Analog Output-PWM）

LED 灯接线图如图 19-10 所示。

模拟量输出-PWM 控制程序如图 19-11 所示。

该实例展示了如何在 PWM 数字输出引脚调节 LED 灯亮度。也可用来调节电机速度，支持任何 Arduino 板的 PWM 数字输出引脚。Arduino Uno 板使用引脚 5 输出，Arduino Due 板在引脚 66 和 67 引脚直接支持 DAC 输出。同时也支持其他款，类似 DAC 输出。

图 19-11 中各序号意义如下。

1. 支持脉宽调制（PWM）的数字输出引脚；

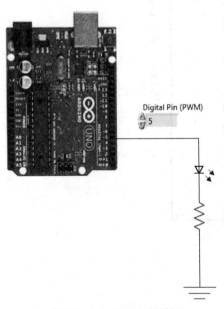

图 19-10 LED 灯接线图

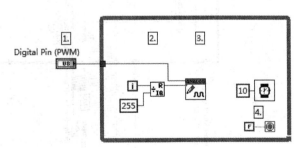

图 19-11 PWM 控制程序

2. 对 PWM 值输入循环计数，每 255 个计数后轮询，因 PWM 输入最大值为 255；

3. 调用 Analog Write. vi 对应数字引脚写入循环计数值；

4. 带 100ms 延时无限循环，从最小亮度到最大亮度总共要花费 2.55s 时间。

19.7 中断-下降沿触发 (Interrupt - On Digital Input Edge)

数字输入中断接口如图 19 - 12 所示。

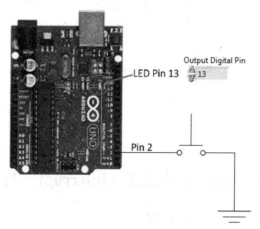

图 19 - 12 数字输入中断接口

中断-下降沿触发程序主 VI 如图 19 - 13 所示。

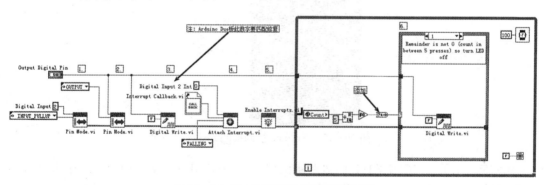

图 19 - 13 中断-下降沿触发程序主 VI

该实例展示了如何配置数字输入电平变化触发中断，从而调用回调 VI。回调 VI 中的输出 I/O 能够直接修改，其全局变量与主 VI 数据共享。该实例每 5 次边缘触发中断使得计数器更新，数字输出引脚电平状态触动改变。主 VI 中，相同引脚电平也随着变化。

图 19 - 13 中各序号意义如下。

1. 调用 Pin Mode. vi 设置数字引脚 2 为输入，电阻上拉，可用于中断检测；

2. 调用 Pin Mode. vi 设置数字引脚 13 为输出；

3. 调用 Digital Write. vi 初始化引脚 13 为低电平，LED 灯关闭；

4. 调用 Attach Interrupt. vi 连线到回调 VI，配置中断源为数字引脚 2（Arduino Uno 板为中断输入 0），而 Arduino Due 板为中断输入 2，因为其每个数字引脚均可作为中断源。当检测到中断触发，回调 VI 执行，全局变量 Count 计数加 1，逢 5 倍数点亮 LED 灯；

5. 调用 Enable Interrupt. vi，也可省略，因其默认是使能的；

6. 判断全局变量 Count ，如果非 5 的倍数则关闭 LED 灯。

注意：原程序在中文环境下会编译出错，回调 VI 应改成如图 19 - 14 所示框图。

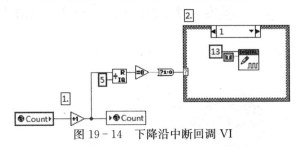

图 19 - 14　下降沿中断回调 VI

图 19 - 14 中各序号意义如下。

1. 全局变量计数加 1；
2. 当计数为 5 的倍数则点亮 LED。

19.8　中断-定时触发（Interrupt – Timer）

Arduino 控制板的 LED 灯如图 19 - 15 所示。

图 19 - 15　Arduino 控制板的 LED 灯

该实例展示了如何配置微秒定时器来触发中断，从而调用回调 VI。回调 VI 中的输出 I/O 能够直接修改，其全局变量与主 VI 数据共享。该实例使用了板上引脚 13 的 LED 灯。

定时中断主 VI 程序图如图 19 - 16 所示。

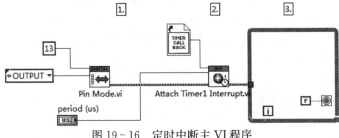

图 19 - 16　定时中断主 VI 程序

图 19 - 16 中各序号意义如下。

1. 调用 Pin Mode. vi 设置数字引脚 13 为输出；
2. 调用 Attach Time1 Interrupt. vi 连线到回调 VI 作为定时器中断，微秒配置定时周期；

3. 无限循环运行。只是回调 VI 在每个特定周期执行，循环可以移除，不是特别必要的。这里特意显示是因为要保留处理器在后台运行，从而中断才会使能。

定时中断回调 VI 程序图如图 19 - 17 所示。

图 19 - 17 中各序号意义如下。

1. 读取 LED 输出状态；

2. LED 灯的状态翻转（闪烁）。

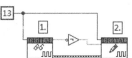

图 19 - 17　定时中断回调 VI 程序

19.9　中断- Due 定时器 （Interrupt - Due Timer）

Arduino Due 板外观图如图 19 - 18 所示。

图 19 - 18　Arduino Due 板外观图

该范例展示了如何配置微秒定时器来触发中断，从而调用回调 VI。回调 VI 中的输出 I/O 能够直接修改，其全局变量与主 VI 数据共享。该实例使用了板上引脚 13 的 LED 灯。

Arduino Due 主 VI 控制程序如图 19 - 19 所示。

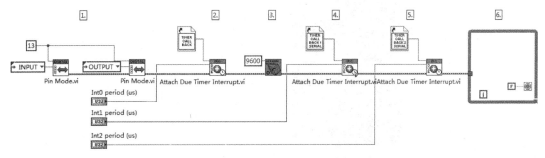

图 19 - 19　Arduino Due 主 VI 控制程序

图 19 - 19 中各序号的意义如下。

1. 调用 Pin Mode. vi 设置数字引脚 13 为输出；在 Due 板，首先必须将其设置为输入，然后再设置为输出，这是 Due 库中的一个 Bug，需要这么做，才能读取到输出的状态。输出状态切换时，在定时器回调 VI 即 Timer Callback. vi 中用了输出状态读取 VI。

2. 调用 Attach Due Timer Interrupt. vi 连线到回调 VI 作为定时器中断，微秒配置定时周期；

3. 调用串口打开调试，因为中断 1 和 2 将会用到它写字符串，从而显示中断运行；

4. 调用 Attach Due Timer Interrupt. vi 连线到另一回调 VI，微秒定时周期中断，写字符串到串口；

5. 第三次调用 Attach Due Timer Interrupt. vi 连线到另一回调 VI，微秒定时周期中断，写字符串到串口；

6. 无限循环运行。只是回调 VI 在每个特定周期执行，循环可以移除，不是必要的。这里特意显示是因为要保留处理器在后台运行，从而中断才会使能。

中断 0 回调 VI 程序如图 19 - 20 所示。

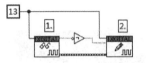

图 19 - 20　中断 0 回调 VI 程序

图 19 - 20 中各序号意义如下。

1. 读取 LED 输出状态；

2. 状态翻转，设定 LED 新的输出（闪烁）。

中断 1 回调 VI 如图 19 - 21 所示，写字符串输出到串口。

中断 2 回调 VI 如图 19 - 22 所示，写字符串输出到串口。

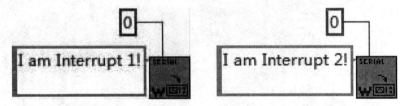

图 19 - 21　中断 1 回调 VI 程序　　　　图 19 - 22　中断 2 回调 VI 程序

19.10　音频-播放音乐（Tone - Play Song）

播放音乐使用蜂鸣器，蜂鸣器外接线如图 19 - 23 所示。

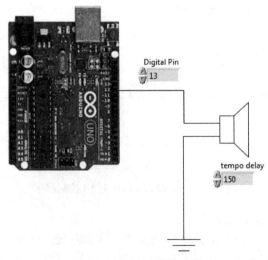

图 19 - 23　蜂鸣器外接线

播放音乐的控制程序如图 19 - 24 所示。

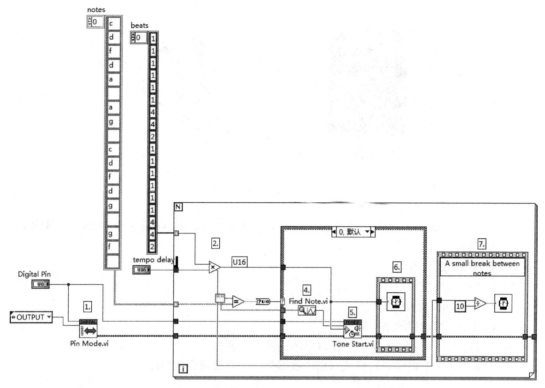

图 19 - 24 播放音乐的控制程序

该实例展示了如何在数字引脚使用音频发生器通过压电陶瓷蜂鸣器来播放音乐。曲子的音高也可调节，例子中的子 VI 是通过查找表来对应指定音高的频率，曲调节拍可能需要通过前面板的控制加以调节（数值越低播放速度越快），也可重新下载来观察实际播放效果。

图 19 - 24 中各序号意义如下。

1. 调用 Pin Mode. vi 设置数字引脚 13 为输出；
2. 基于节奏的考虑，计算音符的周期；
3. 如果没定义音符，适当按周期延时；
4. 如果音符定义了，调用 Find Note. vi 返回输出音符的频率；
5. 由上面步骤的频率和节奏延时时间（数值越小节奏越快）调用 Tone Start. vi；
6. 在上面 VI 执行完后，我们必须等待这么长的时间，因为定时器是并行执行的；
7. 在下一节奏之前添加一个小的延时，方便音频平滑过渡转换。

19.11　串口 - GUI 监视 （Serial - Monitoring GUI）

串口 - GUI 监视设备连接如图 19 - 25 所示。

该实例通过两个子 VIs 来监视远程系统：一个在 PC 主机上运行；另一个嵌入下载到 Arduino 板上运行。例子中展示了它们之间两种串口通信方式：首先 PC 主机监视嵌入 Arduino 板上发送过来感兴趣的变量更新数据内容；也能够暂停和持续 Arduino 板上正弦波数据点的发送。

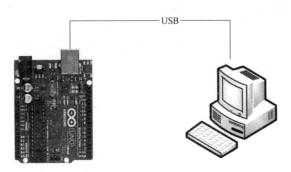

图 19 - 25   串口 GUI 监视设备连接

PC 主机 VI 程序如图 19 - 26 所示。

图 19 - 26 中各序号意义如下。

1. Serial - Monitoring GUI - Arduino Target. vi 调用 Compiler. vi 编译器 VI 编译下载到 Arduino 硬件板上；

2. 配置串口通信参数；

3. 清空串口缓冲区；

4. 每隔 150ms 监视一下代码；

5. 检查串口接收到的字节数；

6. 如果串口检测到接收字节，读取显示到波形图表；

7. 读取串口字节内容，转换成双精度数据类型，并更新到波形图表；

8. 如果 Pause/Resume（暂停/持续）按钮为 True，通过串口发送 1 字节内容，表示暂停；为 False，不发送消息，表示持续。如此实现暂停/持续效果；

9. 通过串口通信传输暂停内容；

10. 关闭串口通信；

11. 显示错误。

Arduino 硬件板串口 VI 程序如图 19 - 27 所示。

图 19 - 27 中各序号意义如下。

1. 调用 Serial Open. vi 打开与 PC 主机的串口连接；

2. 调用 Serial Flush. vi 清空发送缓冲区；

3. 调用 Serial Set Timeout. vi 设定 Serial Read. vi 读数的最大时延；

4. 每秒一次执行 while 循环，程序间歇切换，要么传输数据点，要么间隔 250ms；

5. 无限循环；

6. 调用 Serial Read Bytes. vi 检查 PC 主机 VI 是否发送了暂停/持续命令；

7. 如果串口有一个字节接收了，意味着暂停向 PC 主机 VI 传输数据；如果串口没收到字符，则持续产生正弦波数据点到 PC 主机上；

8. 产生正弦波数据点，终端字符为换行符；

9. 调用 Serial Write String. vi 通过串口通信发送正弦波数据点；

10. 调用 Serial Close. vi 关闭 PC 主机的串口连接。

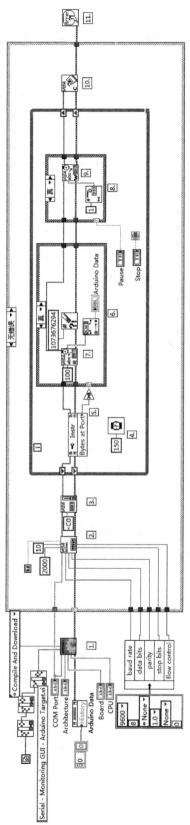

图 19 – 26 PC 主机 VI 程序

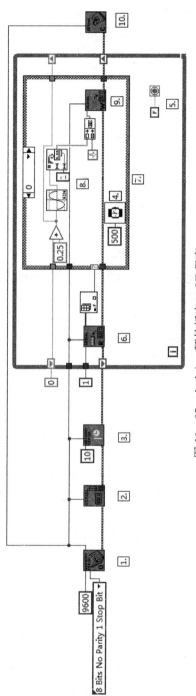

图 19 – 27 Arduino 硬件板串口 VI 程序

19.12　内存优化-子 VI（Memory Optimization – SubVIs）

该范例展示了如何通过全局变量放置大数据到子 VIs，相比在子 VIs 内，这种方式应该更优越，因为避免了额外的数据内存复制的时间和空间。在开始创建 Arduino VIs 之前，浏览本篇文档中的重要注意事项，能了解更多内存优化技术。

内存优化-子 VI 样例的程序如图 19 - 28 所示。

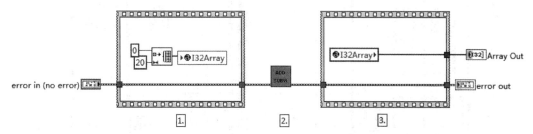

图 19 - 28　内存优化-子 VI 样例的程序

图 19 - 28 中各序号意义如下。

1. 创建 20 个元素数组，用初始化数组 VI 更新全局变量；
2. 子 VI 放在此处执行，全局变量没有产生额外的数组内存复制；
3. 提取更新后的数组内容，供显示输出。

图 19 - 28 的程序代码功能与如图 19 - 29 所示的内存优化-不建议的子 VI 程序代码相等，图 19 - 29 的程序代码在子 VI 内部有额外的数组内存复制开销，因此图 19 - 28 的程序代码更有效。

图 19 - 29　内存优化-不建议的子 VI 程序

19.13　内存优化-程序存储器装载数据
（Saving Read – Only Data to Program Memory）

该范例展示了如何保存数据到 Flash 程序存储空间中，而非 SRAM 内存中。并从其中读回。这提供给我们一种思路，一次性固定数据是可放到 Flash 而非 SRAM 中。因为 SRAM 的空间是很有限的，比如某些运算查找表就可使用此方案。

值得注意的是编程后的程序空间除了代码以外，剩下的空间全部可支配。导入 10 000 个 U16 元素的数组（20 000 字节）到程序空间里，差不多占据了 32K 程序空间的 Arduino Uno 的 62%，如实际运行程序为 12% 是在可控范围，程序占用 74%，如图 19 - 30 所示。因此如果事先确知了程序编译后的空间，再计算查找表的空间是否足够存入。

保存只读数据到程序存储器程序如图 19 - 31 所示。

图 19 - 31 中各序号意义如下。

1. 打开串口；
2. 定义一个大型只读数组常量，需要直接连线到 Write Program Memory. vi；
3. 选择数组名，在程序存储区为数组另辟一个空间装载；

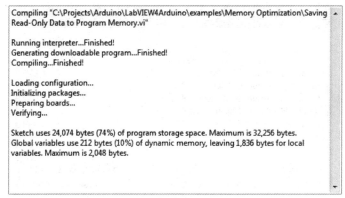

图 19 - 30 程序占用 74%

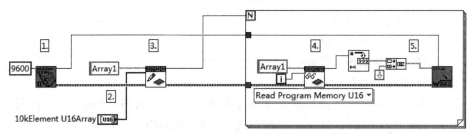

图 19 - 31 保存只读数据到程序存储器程序

4. 为了演示，通过先前定义的数组名字，按照索引读取每个元素，确保数据类型相匹配，从而将数据读出；

5. 将数据转换成字符串，从串口发送出去，以便展示装载在硬件板上只读存储区数据是否匹配。

19. 14 调试-内存泄漏崩溃 (Debugging - Memory Crash)

内存泄漏崩溃程序如图 19 - 32 所示。

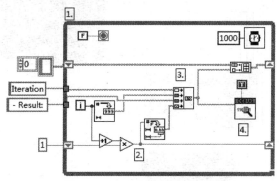

图 19 - 32 内存泄漏崩溃程序

该范例展示了本编译器如何使用 Debug Tool. vi 结合串口来调试所编写的嵌入 Arduino VI，它也展示了如何查找应用程序内存超限泄漏问题，尽管编译器没弹出错误对话框。值得注意的是，在串口监视器看到每次迭代内存值，直到最终停止，这到底是什么原因？是哪方面程序导致的？

捕获监视未使用的内存程序如图 19 - 33 所示。

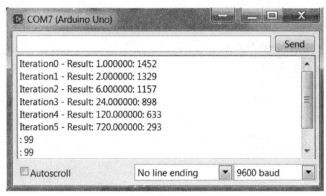

图 19 - 33　捕获监视未使用的内存程序

图 19 - 33 中各序号意义如下。

1. 配置每秒执行一次无限循环；

2. 计算值转换成字符串，并成一部分发送到串口；

3. 每次迭代合并的数值结果由调试工具发送到串口；

4. 调用 Debug Tool. vi 发送格式化字符串到串口。如果其 Get Free Memory 输入端为 True，此 VI 将捕获未使用的内存，将其格式化字符串发送到串口。

19. 15　I²C LCD - 4 行 LCD（I²C LCD - 4 Line LCD）

I²C LCD - 4 行 LCD 接线见图 19 - 34。

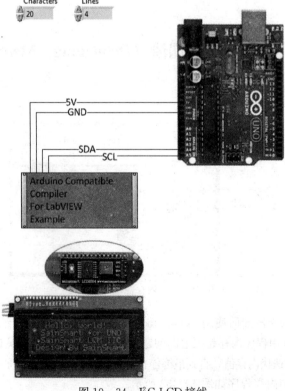

图 19 - 34　I²C LCD 接线

　　该实例展示了如何初始化并写数据到 I²C LCD 屏上。为了用上 I²C LCD 库，大多数并行 LCDs 使用了廉价的 SainSmart I²C LCD 转接器，目的是引脚连接数量大幅缩减，例程中假定用户使用的就是这方面的 I²C LCD 转接器。曾经测试通过的是如下这款扩展板型号：SainSmart IIC/I²C/TWI Serial 2004 20x4 LCD。LiquidCrystal _ I²C Express. vi 起着初始化的作用，将并行 LCD 与转接器打通。注意：由于 IDE 更新导致库路径有变，需要在如下路径：\ Program Files（x86）\ National Instruments \ LabVIEW 2014 \ vi. lib \ Aledyne - TSXperts \ Arduino Compatible Compiler for LabVIEW \ Arduino Libraries \ LiquidCrystal \ I²CIO. cpp 文件中将♯include〈../Wire/Wire. h〉改成♯include〈Wire. h〉，才能顺利编译成功。

　　SainSmart I²C LCD 转接器如图 19-35 所示，在大多数并行 LCD 场合用于与 I²C 相接，有些 SainSmart LCD 板背后，已配置这种转接器，如图 19-34 所示的 LCD 模块为一款 20x4 LCD 模块。这些模块使用的 I²C 地址为：0x3F（63）或 0x27（39）。因此在编程中要确保对应修改地址。

图 19-35　SainSmart I²C LCD 转接器

I²C LCD - 4 Line LCD 应用程序如图 19-36 所示。

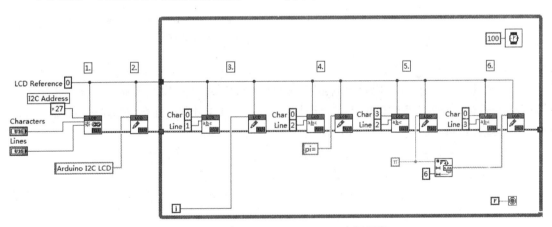

图 19-36　I²C LCD - 4 Line LCD 应用程序

　　图 19-36 中各序号的意义如下。

　　1. 调用 LiquidCrystal _ I²C Express. vi 初始化 SainSmart I²C LCD 转接器，配置正确的字符数和行数，以及 I²C 地址和其引脚，同时此 Express VI 也处理了背光灯引脚和其起始位置；

　　2. 调用 LiquidCrystal _ I²C write. vi 写字符串到首行；

　　3. 在第二行使用 LiquidCrystal _ I²C Set Cursor. vi 设置光标位于第几个字符；

　　4. 在第三行设置光标，并在指定字符位写上"Pi="标签；

　　5. 将光标右移三个字符位调用 LiquidCrystal _ I²C write. vi 写上 Pi 的数值，值得提醒的是可将单精度和双精度浮点数直接输入，自动保留 2 位精度；

6. 转换浮点数成 6 位精度的小数字符串，此时调用的是 LiquidCrystal _ I^{2}C write. vi。

19. 16　I^{2}C LCD－2 行 LCD（I^{2}C LCD－2 Line LCD）

该实例展示了如何初始化并写数据到 I^{2}C LCD 屏上。为了用上 I^{2}C LCD 库，大多数并行 LCDs 使用了廉价的 SainSmart I^{2}C LCD 转接器，目的是使引脚连接数量大幅缩减，例程中假定用户使用的就是这方面的 I^{2}C LCD 转接器。曾经测试通过的是如下这款扩展板型号：SainSmart IIC/I^{2}C/TWI Serial 2004 20x4 LCD 。LiquidCrystal _ I^{2}C Express. vi 起着初始化的作用，将并行 LCD 与转接器打通。

I^{2}C LCD－2 Line LCD 应用程序如图 19－37 所示。

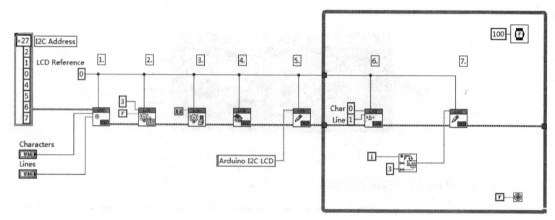

图 19－37　　I^{2}C LCD－2Line LCD 应用程序

图 19－37 中各序号意义如下。

1. 调用 LiquidCrystal _ I^{2}C Express. vi 初始化 SainSmart I^{2}C LCD 转接器，配置正确的字符数和行数，以及 I^{2}C 地址和其引脚，同时此 Express VI 也处理了背光灯引脚和其起始位置；

2. 调用 LiquidCrystal _ I^{2}C write. vi 写字符串到首行；

3. 在第二行使用 LiquidCrystal _ I^{2}C Set Cursor. vi 设置光标位于第几个字符；

4. 在第三行设置光标，并在指定字符位写上"pi="标签；

5. 将光标右移三个字符位调用 LiquidCrystal _ I^{2}C write. vi 写上 pi 的数值，值得提醒的是可将单精度和双精度浮点数直接输入，自动保留 2 位精度；

6. 转换浮点数成 6 位精度的小数字符串，此时调用的是 LiquidCrystal _ I^{2}C write. vi。

19. 17　I^{2}C LCD-两 LCD 同时在线
（I^{2}C LCD － Simultaneous LCD Control）

该实例展示了如何初始化并同时写数据到多款 I^{2}C LCD 屏上。每款 LCD 由不同地址来区分，可在相同的循环结构中执行。因都连到相同的 I^{2}C 总线上，所以每块 LCD 模块的 I^{2}C 地址应该不同。4x20 LCD 地址为 0x3F，2x16 LCD 地址为 0x27。例子中使用的扩展板模块型号：SainSmart IIC/I^{2}C/TWI Serial 2004 20x4 和 SainSmart IIC/I^{2}C/TWI Serial 2004 16x2 LCD 。

两 LCD 接线图如图 19-38 所示。

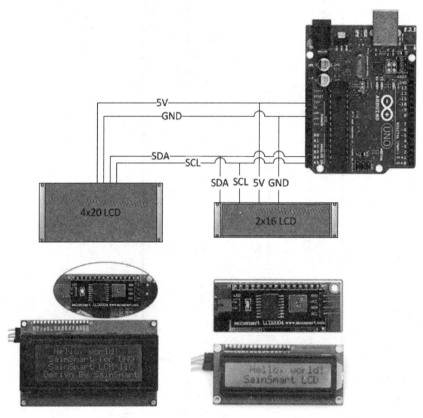

图 19-38 I^2C LCD-两 LCD 接线图

I^2C LCD-Simultaneous LCD 控制程序如图 19-39 所示。

图 19-39 中各序号意义如下。

1. 使用 I^2C 地址 0x3F，初始化 20x4；

2. 配置背光灯引脚；

3. 点亮背光灯；

4. 设置光标位于 LCD 的左上角；

5. 写字符串到首行；

6. 使用 I^2C 地址 0x27，初始化 16x2；

7. 配置背光灯引脚；

8. 点亮背光灯；

9. 设置光标位于 LCD 的左上角；

10. 写字符串到首行；

11. 设置 4 行 LCD 光标到第二行，并写循环计数器到第 1 字符位；

12. 设置光标到第三行，并写"pi="标签到第 1 字符位；

13. 将光标右移三个字符，在"pi="字符后，用 LiquidCrystal_I^2C write. vi 写上 pi 的数值；

14. 转换浮点数到 6 位精度小数字符串，此时调用的是 LiquidCrystal_I^2C write. vi；

15. 写循环计数器到第二块 LCD。

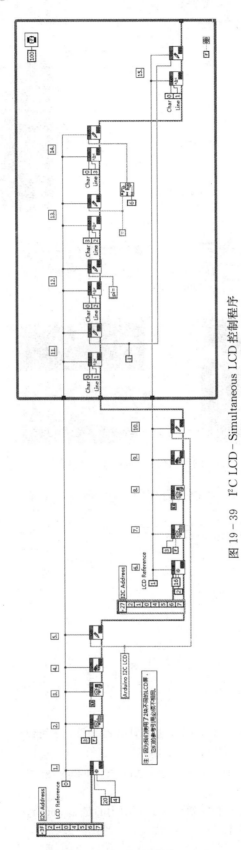

图 19 – 39 I²C LCD – Simultaneous LCD 控制程序

19.18　EEPROM-读写（EEPROM‐Read/Write）

该实例展示了如何初始化并同时写数据到多款 I²C LCD 屏上。每款 LCD 由不同地址来区分，可在相同的循环结构中执行。因都连到相同的 I²C 总线上，所以每块 LCD 模块的 I²C 地址应该不同。4x20 LCD 地址为 0x3F，2x16 LCD 地址为 0x27。例子中使用的扩展板模块型号：SainSmart IIC/I²C/TWI Serial 2004 20x4 和 SainSmart IIC/I²C/TWI Serial 2004 16x2 LCD。

EEPROM 读写程序如图 19‐40 所示。

图 19‐40 中各序号的意义如下。

1. 使用 I²C 地址 0x3F，初始化 20x4；

2. 配置背光灯引脚；

3. 点亮背光灯；

4. 设置光标位于 LCD 的左上角；

5. 写字符串到首行；

6. 使用 I²C 地址 0x27，初始化 16x2；

7. 配置背光灯引脚；

8. 点亮背光灯；

9. 设置光标位于 LCD 的左上角；

10. 写字符串到首行；

11. 设置 4 行 LCD 光标到第二行，并写循环计数器到第 1 字符位；

12. 设置光标到第三行，并写"pi＝"标签到第 1 字符位；

13. 将光标右移三个字符，在"pi＝"字符后，用 LiquidCrystal _ I²C write. vi 写上 pi 的数值；

14. 转换浮点数到 6 位精度小数字符串，此时调用的是 LiquidCrystal _ I²C write. vi；

15. 写循环计数器到第二块 LCD。

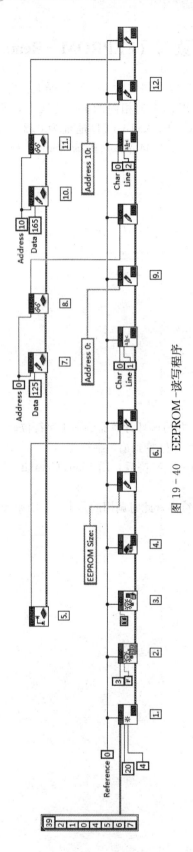

图 19 - 40 EEPROM -读写程序

19.19 RGB LED-串行模式 (RGB LED-Chaser)

该实例展示了影剧院灯光串行效果,使用的是1-线 RGB LED 灯条驱动芯片 WS2811 和 WS2812。灯条上所有 LEDs 的色彩和来回周期能够重新设定,延时时间也可调节,更增炫目效果。

RGB LED 接线如图 19-41 所示。

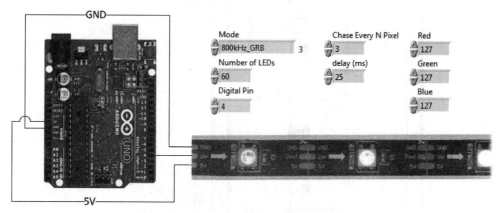

图 19-41 RGB LED 接线

RGB LED 调光程序如图 19-42 所示。

图 19-42 中各序号意义如下。

1. 调用 RGB LED 灯,初始化设置模式、数字引脚和光带的 LED 灯数目;

2. 在重复之前,循环 10 次;

3. 将每个像素定义为循环翻转,即每次迭代完后,每 N 个像素点亮关闭,然后 $N+1$ 个像素点亮关闭,$N+2$ 个……依次类推;

4. 针对整条光带每 N 个像素,在内存中设置好颜色,实际上是没有时钟数据的;

5. 所有 LED 灯颜色在内存中更新完后,现在就可写到整条光带上;

6. 在 LED 灯关闭之前,延时;

7. 现在每 N 个像素关闭,然后重复 $N+1$ 个像素;

8. 无限循环。

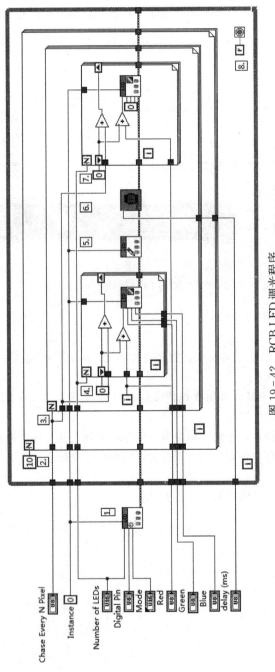

图 19 - 42　RCB LED 调光程序

19.20 RGB LED-彩虹模式（RGB LED-Rainbow）

该实例展示了彩虹效果，使用的是1-线 RGB LED 灯条驱动芯片 WS2811 和 WS2812。灯条上每颗 LED 从红到绿逐渐变化，并与蓝色相混合。LED 彩色渐变效果成舞台条纹，与此同时不再变化。延迟时间可加以调节，从而改变颜色变化的快慢。

RGB LED 彩虹模式配置接线如图 19-43 所示。

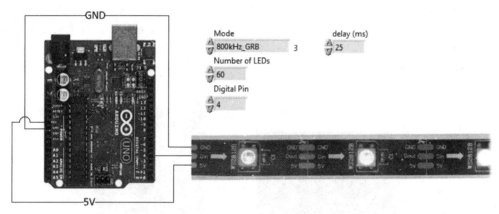

图 19-43 RGB LED 彩虹模式配置接线

RGB LED 彩虹模式控制程序如图 19-44 所示。

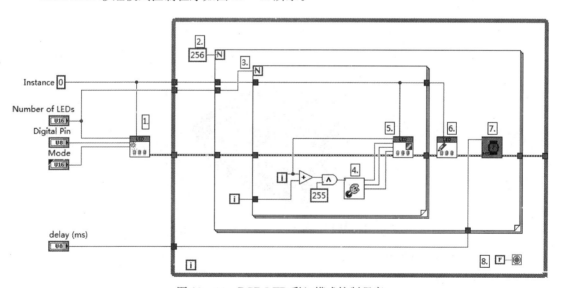

图 19-44 RGB LED 彩虹模式控制程序

图 19-44 中各序号意义如下。

1. 调用 RGB LED 灯，初始化设置模式、数字引脚和光带的 LED 灯数目；

2. 循环 256 种色彩，实现丰富炫目的变换，从红到绿，然后到蓝；

3. 循环光条上每颗 LED 灯，分别设置轻微的颜色差别；

4. 使用调色板输入 0～255 RGB 颜色值来转换表示 RGB；

5. 在内存中设置好颜色，实际上是没有时钟数据的；

6. 所有 LED 灯颜色在内存中更新完后，就可写到整条光带上；

7. 在色彩发生变化前再度延时；

8. 无限循环。

19.21 SD卡-读数据 (SD Card - Read Data GUI)

本项目示范了如何读取先前写入到 SD 卡中的数据，然后从串行通信转换数据。项目中包括两个 VIs，一个运行在 PC 主机上，另一个嵌入运行在 Arduino 硬件板。片选信号引脚请参照扩展板的说明。

SD 卡扩展板实物如图 19-45 所示。

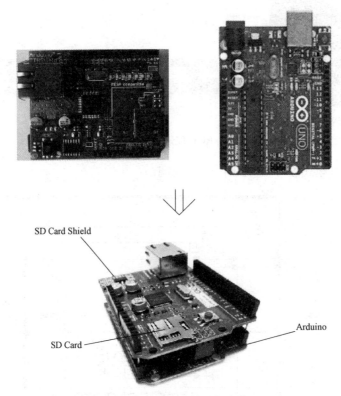

图 19-45 SD卡扩展板实物

PC 主机 VI 程序如图 19-46 所示。

图 19-46 中各序号意义如下。

1. 调用 Compiler. vi 编译下载到 Arduino 硬件上的 SD Card - Read Data - Arduino Target. vi；

2. 配置串行通信参数；

3. 清空串口发送缓冲区；

4. 从串口读取字符，并在 "SD Card Data" 显示控件上显示；

5. 关闭串口通信；

6. 显示任何错误。

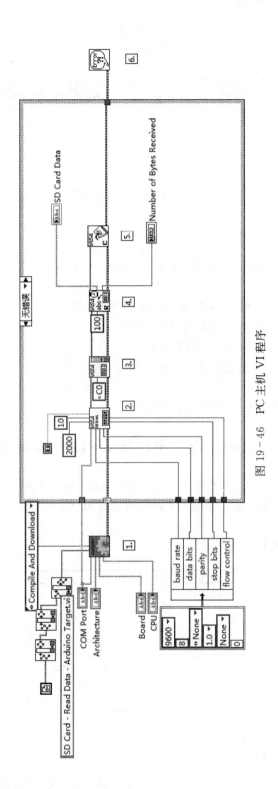

图 19 - 46 PC 主机 VI 程序

Arduino 硬件板读数据 VI 程序如图 19 - 47 所示。

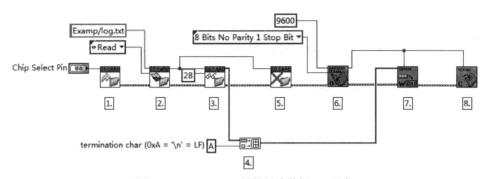

图 19 - 47　Arduino 硬件板读数据 VI 程序

图 19-47 中各序号意义如下。

1. 调用 SD Open. vi 创建引用参考给 SD 卡使用；
2. 调用 SD File Open. vi 创建引用参考给数据记录文件 * . txt；
3. 从记录文件中调用 SD File Read. vi，并提取 28 个字节的数据；
4. 合并终端字符（\ n），以便 PC 主机串口读取 VI 检测判断；
5. 调用 SD File Close. vi 关闭记录文件的参考引用；
6. 调用 Serial Open. vi 打开串口连接到 PC 主机；
7. 从记录文件提取的数据，加上后缀（\ n)，通过串口调用 Serial Write Bytes. vi 传输出去；
8. 调用 Serial Close. vi 关闭连接到 PC 主机的串口。

19. 22　SD 卡-记录数据（SD Card - Log Data GUI）

SD 卡-数据记录范例展示了如何初始化并写数据到扩展板上的 SD 卡中，一旦例子成功执行，可从卡中将保存的数据提取出来，使用上文提及的范例 SD Card - Read Data. vi 即可显示在 PC 主机屏上。

SD 卡-记录数据程序如图 19 - 48 所示。

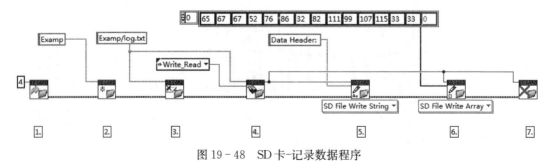

图 19 - 48　SD 卡-记录数据程序

图 19-48 中各序号意义如下。

1. 调用 SD Card Open. vi 打开 SD 卡的参考引用；
2. 在 SD 卡文件系统中，调用 SD Create Directory. vi 创建命名为 "Examp" 的文件；
3. 调用 SD Remove File. vi 移除曾经命名的记录文件；

4. 调用 SD File Open. vi 打开已命名的记录文件，创建参考引用，后续相关 VI 都以此相连线；

5. 示范调用 SD File Write String. vi 写入字符串到记录文件中；

6. 示范调用 SD File Write Array. vi 写入数组到记录文件中，这个数组常量以 ASCII 码表示为"ACC4LV Rocks!!"；

7. 调用 SD File Close. vi 关闭记录文件的参考引用。

19.23 SPI – MAX6675 热电偶访问 (SPI – MAX6675 Thermocouple)

该范例展示了如何使用 SPI 接口芯片 MAX6675 从 K 型热电偶转换成数字温度值，读取的是摄氏温度值，然后转换成华氏温度值，并每隔 200ms 从串口传送。AVR 芯片的 SPI 片选引脚为 10，Arduino Due 板有多个片选引脚，在下载前应先在前面板指定。

热电偶 SPI 接线如图 19 – 49 所示。

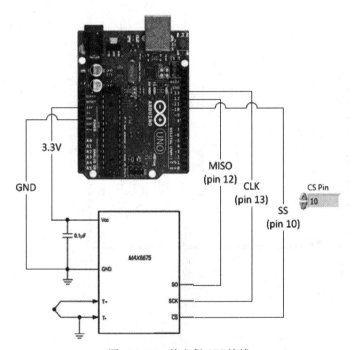

图 19 – 49 热电偶 SPI 接线

SPI – MAX6675 热电偶控制程序如图 19 – 50 所示。

图 19 – 50 中各序号的意义如下。

1. 调用 Serial Open. vi 打开串口，以便写入采集的数据；

2. 调用 SPI Open Express. vi 在 CS 片选脚初始化 SPI 外设，同时设置 SPI 字节传输位序、数据模式、时钟分频（针对 AVR 芯片板，0 代表分频 8，即 16MHz 的晶振频率分频为 2MHz）。针对 Arduino Due 硬件板，设置为 42 能获取到同样的频率（84MHz/42 = 2MHz）；

3. 从 SPI 总线上读取到 1 个字节，针对 MAX6675，这是高位字节，确保 2 字节传输中片选脚，保持拉低，所以我们设置传输模式为"Continue"；

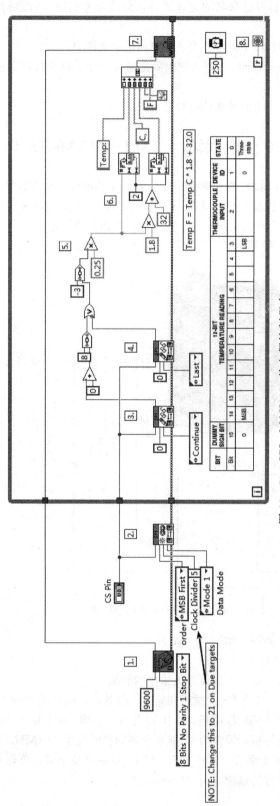

图 19 – 50 SPI – MAX6675 热电偶控制程序

4. 现在读取到的是低位字节，此时设置传输模式为"Last"，所以传输完后，CS 片选线拉高；

5. 转换这两字节为单一数值，首先高位字节与 U16 数据类型的 0 相加得一个 U16 数值，放到高 8 位与低 8 位异或，然后右移 3 位（因 MAX6675 的数据手册说到只有 D14 - D3 才有效），乘 0.25（因 1 位代表 1 度）；

6. 将摄氏度转换成华氏度，继而将两者再转成字符串；

7. 整理摄氏度和华氏度字符串格式，通过串口发送出去；

8. 无限循环。延时 250ms，MAX6675 最长转换时间是 0.22s。

19.24　I^2C - DS1307 实时时钟（I^2C - DS1307 Real Time Clock）访问

该范例展示了如何从 DS1307 实时时钟芯片（RTC）中设定和读取时钟。通常 RTC 与 SD 卡结合在一块做成扩展板，用于数据记录。为了设置当前时间，在前面板将"Set"按钮设为 True，将当前的日期时间填入 Date 数组中，下载代码。然后在前面板将"Set"按钮设为 False，再次下载。此时仅为时间读取，如果扩展板上的电池已安装，当前的日期时间应该保留着。

注意：源程序在中文环境下编译会出错的，应修改成下面框图样式。

DS1307 寄存器表：

如图 19 - 51 所示，展示了 DS1307 的日期/时间寄存器表对应地址，本例只使用了 0～7 范围地址。

ADDRESS	BIT 7	BIT 6	BIT 5	BIT 4	BIT 3	BIT 2	BIT 1	BIT 0	FUNCTION	RANGE
00h	CH		10 Seconds			Seconds			Seconds	00–59
01h	0		10 Minutes			Minutes			Minutes	00–59
02h	0	12	10 Hour	10 Hour	Hours				Hours	1–12 +AM/PM
		24	PM/AM							00–23
03h	0	0	0	0	0		DAY		Day	01–07
04h	0	0	10 Date			Date			Date	01–31
05h	0	0	0	10 Month		Month			Month	01–12
06h		10 Year				Year			Year	00–99
07h	OUT	0	0	SQWE	0	0	RS1	RS0	Control	—
08h–3Fh									RAM 56 x 8	00h–FFh

0 = Always reads back as 0.

图 19 - 51　DS1307 寄存器表

DS1307 扩展板实物如图 19 - 52 所示。

DS1307 实时时钟 VI 程序如图 19 - 53 所示。

图 19 - 53 中各序号意义如下。

1. 调用 Serial Open. vi 打开串口便于写实时数据；

2. 调用 I^2C Open. vi 的 Master 模式初始化 DS1307 的 I^2C 通信形式；

3. 如果前面板控件 Set 为 True，首先将所有日期/时间输入的二进制数值转换成 DS1307 识别的 BCD 码格式；

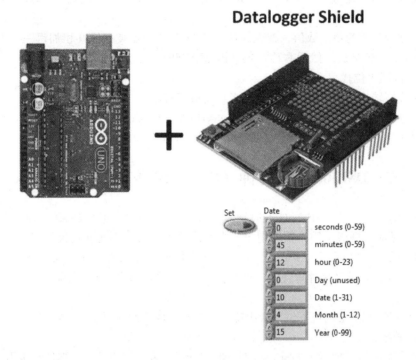

图 19 - 52　DS1307 扩展板实物

4．然后启动 I²C 通信并传输日期/时间数据的起始寄存器地址；

5．接着按顺序写入每个日期/时间寄存器数据，保留"Day"寄存器为 0（即星期几），因 DS1307 会自动计算出日期为星期几；

6．在循环中，查询当前日期/时间字符串格式：MM/DD/YYYY HH：MM：SS。这都在下面子 VI 中处理了；

7．写格式化后的日期/时间字符串到串口；

8．每秒持续写 RTC 时间到串口。

读取 RTC 时钟并格式化 VI 程序如图 19 - 54 所示。

图 19 - 54 中各序号意义如下。

1．调用 I²C Write Byte. vi 写入 DS1307 寄存器起始地址；

2．调用 I²C Request From. vi 查询 7 个字节的日期/时间数据；

3．调用 I²C Read All Bytes. vi 读取所有寄存器数据；

4．将 DS1307 寄存器中所有日期/时间 BCD 码转成 10 进制字符串格式；

5．格式化日期/时间：MM/DD/YYYY HH：MM：SS。

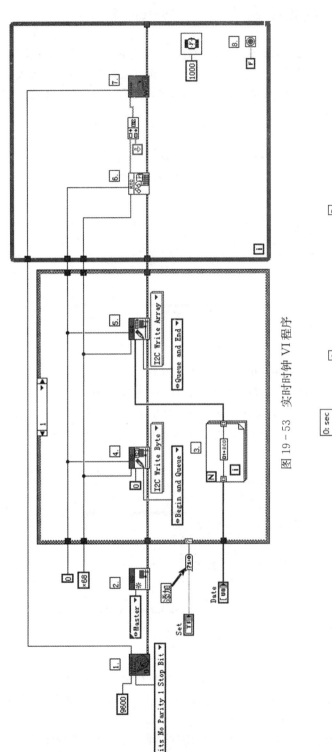

图 19-53 实时时钟 VI 程序

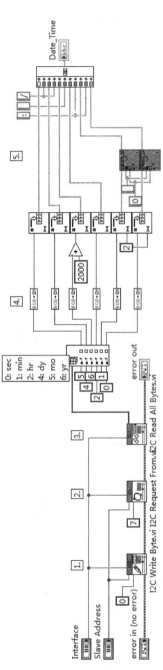

图 19-54 时钟格式化 VI 程序

19.25　I²C-主机从机模式（I²C-Master Slave）

该范例展示了如何从两块 Arduino 板之间通过 I²C 通信接口来发送数据，主机（发送端）循环写数，定时以字符串的数据类型传递时间计数信息到从机。从机（接收端）当 I²C 接收中断，触发驱动消息处理器，运行回调 VI，当 I²C 消息过来，数据格式化后写到串口，本过程仅作为演示。

I²C 主机 VI 程序如图 19-55 所示。

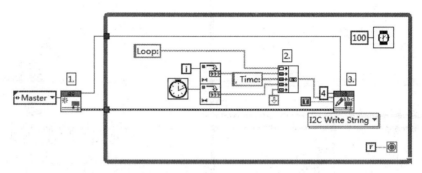

图 19-55　I²C 主机 VI 程序

图 19-55 中各序号意义如下。

1. 调用 I²C Open. vi 以 Master 模式打开 I²C 串行口；

2. 格式化字符串消息发送到从机，其中包括循环计数和循环时间计数器值；

3. 在 I²C 地址 4 发送消息到从机，Arduino 从机地址必须与之相匹配（参考 I²C Slave. vi）。

注意：错误簇连线仅为数据流方向控制，簇在这种 Arduino 硬件部署场合是不能改写访问的。

I²C 从机 VI 程序如图 19-56 所示。

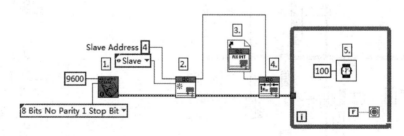

图 19-56　I²C 从机 VI 程序

图 19-56 中各序号意义如下。

1. 调用 Serial Open. vi 打开串口，以便将 I²C 主机传过来的数据传输出去。注意：实际转换过程在 I²C 接收中断回调 VI 中完成，但是串口必须事先初始化打开。为了在中断 VI 中实际连线到初始化 VI，实际上是直接硬赋值实现的。（参考 I²C Receive Interrupt. vi）

2. 调用 I²C Open. vi，以 Slave 模式打开 I²C 串行口，使用从机地址 4，与主机地址匹配；

3. 回调 VI 的参考引用是 I²C 接收中断处理器，这个回调 VI 的作用是传输 I²C 主机到从机的任何数据；

4. 配置回调 VI 为 I²C 接收中断 VI；

5. 这里是标准的循环结构，什么也没做。中断接收和处理在后台执行。当耗费太多处理器时间时，如 LCD 显示控制，就可放在主循环当中，另外与中断共享的全局变量数据也可放在主循环中加以分析处理。

I²C 从机接收中断 VI 程序如图 19-57 所示。

图 19-57 中各序号意义如下。

1. 从 I²C 端口调用 I²C Read All Bytes. vi 读取所有数据字节；

2. 格式化串口数据，便于打印、调试从 I²C 中断中接收的内容，注意：I²C 接收的字节数据内容由中断处理器自动提供，接收中断回调 VI 的输入控件必须在连线面板上设置；

3. 写串行消息到串口，注意：指定串口 0，硬性赋值是能用于此案例。如果板上有多个串口，

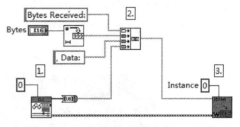

图 19-57 I²C 从机接收中断 VI 程序

是有必要使用不同的串口的，不同的索引值对应不同的串口（例如，使用"2"代表串口 2）。

19.26 Digilent 公司模拟扩展板-采集访问
(Digilent Analog Shield - Pass Through)

该范例展示了如何利用 Digilent 公司的模拟扩展板，链接如下。

https：//www. digilentinc. com/Products/Detail. cfm? NavPath＝2，648，1261&Prod＝TI-ANALOG-SHIELD

从连接的信号源来采集模拟量输入数据，然后将采集的数据从同一块板上模拟输出口输出。由此可见，输出数据完全等同采集的模拟量值。例子中利用了扩展板上的 AI 0 和 AO 0 引脚，但板上有 4 个 AI/AO 均可使用。

模拟扩展板实物如图 19-58 所示。

模拟扩展板采集访问程序如图 19-59 所示。

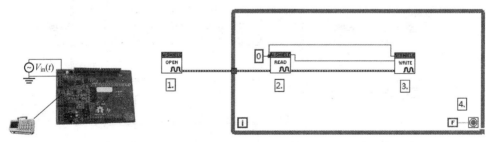

图 19-58 模拟扩展板实物 　　　　图 19-59 模拟扩展板采集访问程序

图 19-59 中各序号意义如下。

1. 调用 Open. vi 打开模拟扩展板的参考引用；

2. 调用 Read. vi 在指定的模拟引脚读取电压值；

3. 调用 Write. vi 将读取的模拟电压值输出写到指定通道上；

4. 无限循环。

19.27　伺服-设置转角（Servo - Set Angle）

该范例展示了如何控制 RC 伺服电机的角度，伺服集成了齿轮和轴，能够精确控制。标准伺服允许轴朝向各种角度，通常位于 0～180 度。持续旋转伺服允许轴旋转设定为不同的速度。

伺服电机接线如图 19-60 所示。

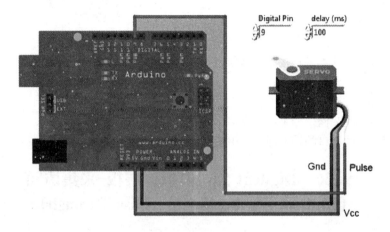

图 19-60　伺服电机接线

伺服设置转角程序如图 19-61 所示。

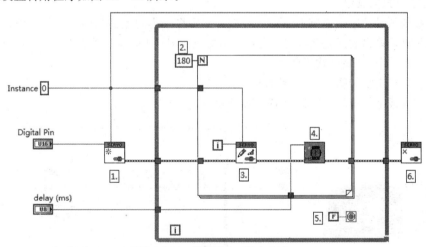

图 19-61　伺服设置转角程序

图 19-61 中各序号意义如下。

1. 调用伺服初始化 VI 设置伺服 PWM 引脚；
2. 180°循环；
3. 设定伺服电机的角度；
4. 改变伺服到新的角度之前延时；
5. 无限循环；
6. 关闭伺服电机，恢复引脚为正常功能。

第20章 软件安装图文详解

LabVIEW 是一款图形化编程语言，发展至今已 30 年，由 NI（National Instruments，美国国家仪器）公司创建，一直活跃在测控领域，在学术界、实验室一直是科学家的伴友，价高和寡，现在推广到民间，价位已没有原来的奢侈感了，我们先抓住机遇，承 NI 公司的吉言，将自身塑造成未来的工程师和科学家。

这里将 LabVIEW 拉下神坛，用它来编写 8 位单片机的软件，为了进一步把握工程实际应用，不拘泥于单片机内核和寄存器内容，要站在巨人的肩膀上，善用前辈优秀工程师们的成果，LabVIEW 与 Arduino 联姻了，无论是 Google 还是 Baidu 搜索，"Arduino" 的内容均是铺天盖地，为什么会形成这种态势？因为科学技术发展到现在，利益集团标准壁垒渗透到各个层面，工程师想做点应用，受到诸多的限制，重复冗余的劳动与价值体现不相匹配，于是出现硬件开源、配置编写面向应用的编译器，且开源软件平台免费使用——Arduino 平台诞生了，工程师们拥抱它，爱它，甘愿无偿为之添砖加瓦，从而形成世界级的队伍，不断产生的硬件板和软件库就形成目前这种状况……

20.1 下载安装 LabVIEW for Arduino 编译器

1. 下载安装 LabVIEW

Arduino Uno 实物（见图 20-1）。

图 20-1 Arduino Uno 实物

这里从最早一款硬件板 Arduino Uno 的编程入手，电脑操作系统为 Windows 7 及以上版本，XP 系统默认软件安装在编译时会出错，不建议采用。基本应用软件包如下。

LabVIEW＋LabVIEW for Arduino 编译器＋Arduino IDE＋NI－VISA

因为 Arduino Uno 硬件板中的 MCU 是 8 位单片机 ATmega328P，存储资源 Flash 32KB、SRAM 2KB、EEPROM 1KB。LabVIEW 工程师一般都是在 PC 机上干活，资源是无法相比，所以针对这方面 Arduino 平台嵌入设计，只需 LabVIEW 基础学生版本就足够了。但必须是 2014 及以后版本，相关中文评估版本也可到斯科道公司网盘去下载。

链接：http：//pan. baidu. com/s/1bniD7XX

密码：mghc

下载后可以安装 LabVIEW。

2. 安装 LabVIEW for Arduino 编译器

VIPM（VI Package Manager）是由 OpenG 组织开发的 VI 包管理器，它被用来管理 OpenG 设计的 VI，当然也被 MGI（Moore Good Ideas 公司）用来管理自己开发的 VI。正因为如此，要想安装 MGI VI（Moore Good Ideas 公司向 LabVIEW 用户社区提供的一项公共服务，该库可免费使用和分配），必须先安装 VIPM。

LabVIEW for Arduino 编译器是 2015 年才面世的，其功能是将 LabVIEW 上编写的 VI 翻译成 Arduino IDE 约定的文本式语言，便于 Arduino IDE 编译成机器码下载到硬件中。目前有两种版本：一为个人家庭教育版；二为企业标配版。现在二者功能相当，且均可通过 VIPM 免费下载使用 7 天，更多的信息请参考斯科道公司：www. scadao. com。切入打开 VIPM 下载有两种途径。

（1）VIPM 位置 1（见图 20－2）。

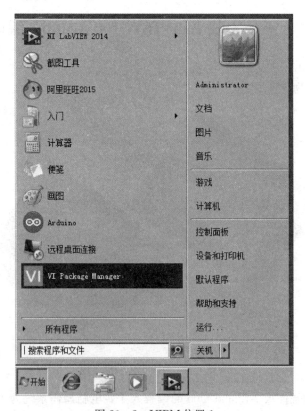

图 20－2　VIPM 位置 1

（2）VIPM位置2（见图20-3）。

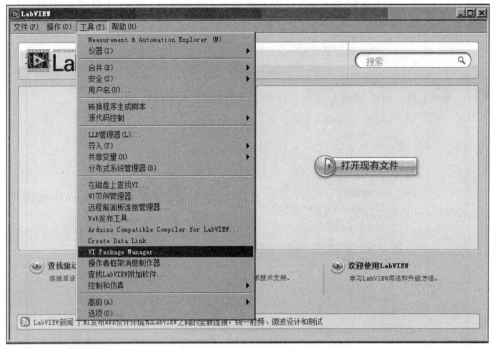

图20-3　VIPM位置2

（3）安装Arduino LabVIEW编译器。切入VIPM后（必须连网），会回送相关软件包资源。Arduino LabVIEW编译器位置如图20-4所示。

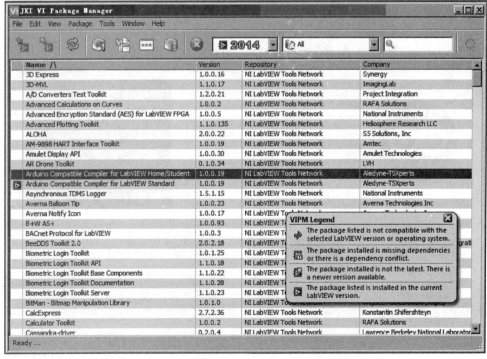

图20-4　Arduino LabVIEW编译器位置

按照图 20-4，双击"Arduino Compatible Compiler for LabVIEW"软件包，然后一步步按提示安装，完成后退出 VIPM 和 LabVIEW，重启 LabVIEW 后，会在工具菜单中看到编译器的菜单条目（见图 20-5）。

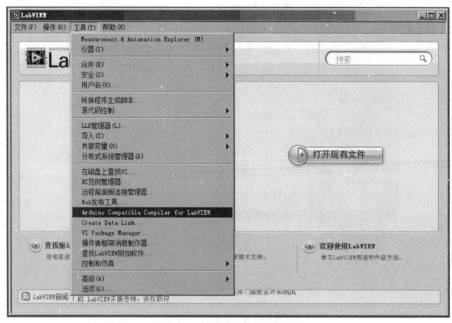

图 20-5　编译器安装后位置

3. 安装 Arduino IDE 软件

（1）Arduino IDE 安装软件链接。Arduino IDE 软件开发平台到如下链接去免费下载最新版本：https：//www. arduino. cc/en/Main/Software，如图 20-6 所示。

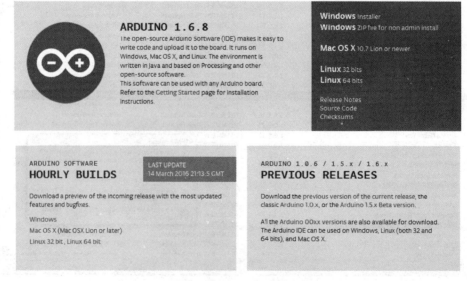

图 20-6　Arduino IDE 安装软件链接

（2）Arduino IDE 免费下载。如图 20 - 7 所示。

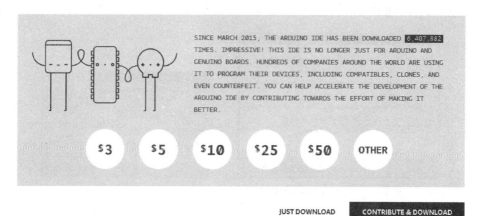

图 20 - 7 Arduino IDE 免费下载

（3）由斯科道公司网站下载安装 Arduino IDE。到斯科道公司网盘上去下载 Arduino 1.6.8 版本，链接已在上文提到。下载完成后，请按照默认 C 盘路径安装（见图 20 -8）。因为如果安装到其他盘符路径，LabVIEW 有可能内部联系不上。

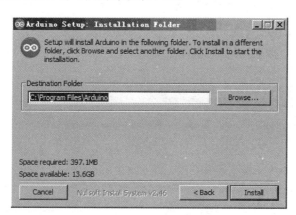

图 20 - 8 Arduino IDE 安装在默认路径

4. 安装 NI - VISA

NI - VISA（Virtual Instrument Software Architecture）是 NI 公司开发的一种用来与各种仪器总线进行通信的高级应用编程接口。VISA 总线 I/O 软件是一个综合软件包，不受平台、总线和环境的限制，可用来对 USB、GPIB、串口、VXI、PXI 和以太网系统进行配置、编程和调试。VISA 是虚拟仪器系统 I/O 接口软件。基于自底向上结构模型的 VISA 创造了一个统一形式的 I/O 控制函数集。一方面，对初学者或是简单任务的设计者来说，VISA 提供了简单易用的控制函数集，在应用形式上相当简单；另一方面，对复杂系统的组建者来说，VISA 提供了非常强大的仪器控制功能与资源管理。

NI - VISA 是关于 LabVIEW 处理电脑硬件接口的驱动程序，文件比较大，必须是 14.0 版本以上，斯科道公司的网盘有下载包，为 NI‑VISA 15.0 版本。比如我们编程下载的端口识别，就要用此驱动，下列图示按顺序列出相关解压安装步骤。

（1）打开 NI‑VISA 安装包，双击 NI‑VISA 应用程序安装文件，弹出安装对话框（见图 20‑9）。

（2）解压文件（见图 20‑10）。

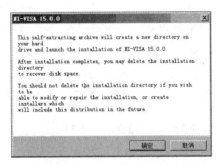

图 20‑9　NI‑VISA 安装

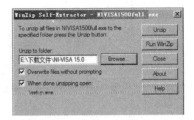

图 20‑10　NI‑VISA 解压

（3）单击"Unzip"（解压）按钮，弹出如图 20‑11 所示的安装要求界面。

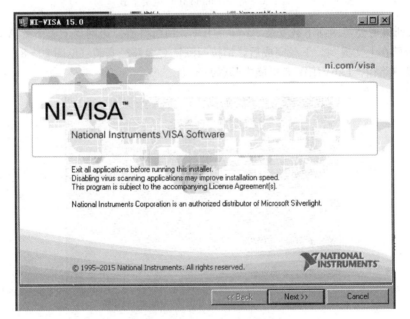

图 20‑11　NI‑VISA 安装要求

（4）单击"Next"（下一步）按钮，弹出如图 20‑12 所示的安装位置设定对话框。

（5）单击"Next"按钮，弹出如图 20‑13 所示设定安装属性对话框。

（6）单击"Next"按钮，弹出如图 20‑14 所示确认产品配置对话框。

（7）单击"Next"按钮，弹出如图 20‑15 所示许可协议对话框。

（8）选择"接受许可协议"，单击"Next"按钮，弹出如图 20‑16 所示的软件许可条款对话框。

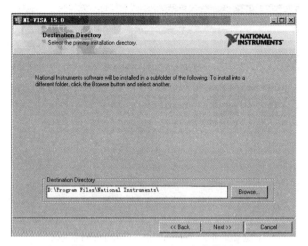

图 20 - 12 NI - VISA 安装位置

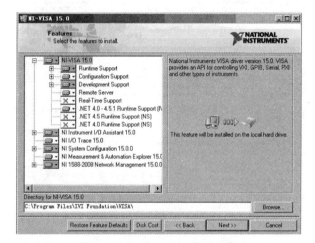

图 20 - 13 NI - VISA 安装属性

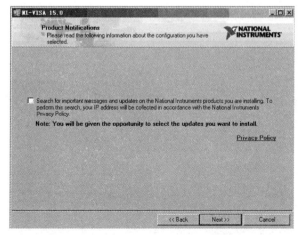

图 20 - 14 NI - VISA 确认产品配置

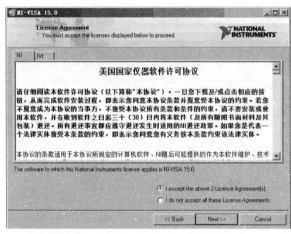

图 20 - 15　NI - VISA 许可协议对话框

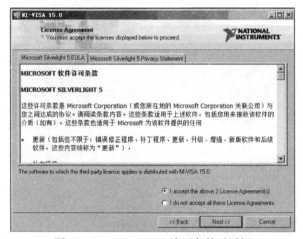

图 20 - 16　NI - VISA 许可条款对话框

（9）选择"接受软件许可条款"，单击"Next"按钮，弹出如图 20 - 17 所示的驱动软件安装对话框。

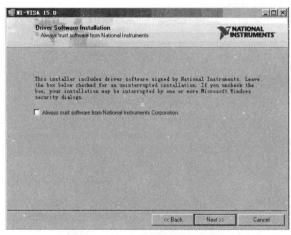

图 20 - 17　NI - VISA 驱动安装

（10）单击"Next"按钮，弹出如图20-18所示驱动开始安装对话框。

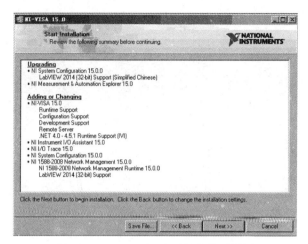

图20-18 NI-VISA开始安装对话框

（11）单击"Next"按钮，开始安装驱动，如图20-19所示。

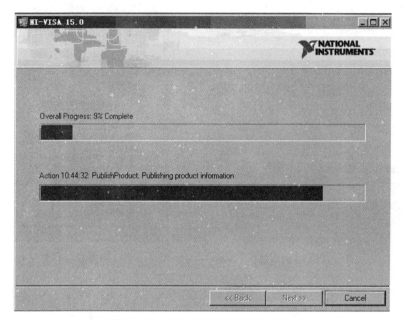

图20-19 NI-VISA安装过程显示

（12）经过一段时间，弹出如图20-20安全提示对话框，勾选信任复选框，单击"安装"按钮。

图20-20 NI-VISA安全提示对话框

（13）安装完成，弹出如图 20 - 21 所示的可重新启动 PC 对话框。

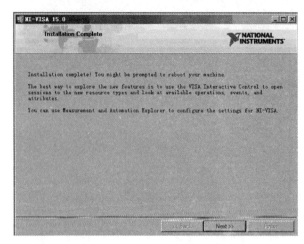

图 20 - 21　NI - VISA 重新启动

（14）单击"Next"按钮，弹出如图 20 - 22 所示的重新启动 PC 对话框。

（15）单击"Restart"（重启）按钮，重启电脑，安装完成。

5. 安装 Arduino Uno 驱动软件

将 Arduino Uno 硬件板，通过 USB 连到电脑，会自动将驱动装上，查看电脑上的设备管理器（见图 20 - 23）。

图 20 - 23　设备管理器查看 Arduino 驱动

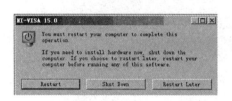

图 20 - 22　NI - VISA 安装完成

6. 查看 Arduino 编译器端口

单击 LabVIEW 工具菜单中的 Arduino 编译器菜单条，初次打开编译器会有段时延进行内联，此间单击菜单尚未激活，完成后选择正确的下载端口和板件，Arduino 硬件与 PC 机相连串口如图 20 - 24 所示。

7. Arduino 编译器应用

（1）选择 Arduino 硬件（见图 20 - 25）。

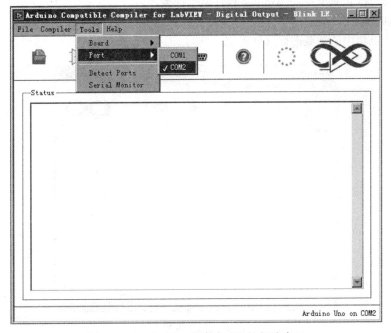

图 20 - 24　Arduino 硬件与 PC 机相连串口

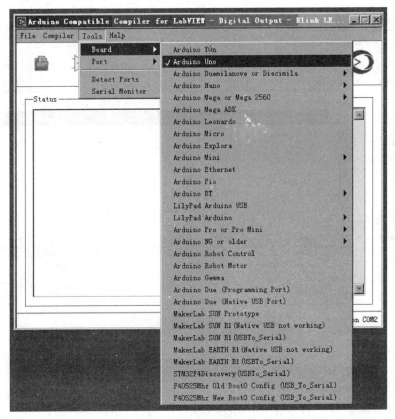

图 20 - 25　选择 Arduino Uno

通过图 20 - 25 可见支持的 Arduino 板件型号种类之多。

（2）装载闪烁 LED VI。

1）单击工具栏中的装载图标（见图 20 - 26）。

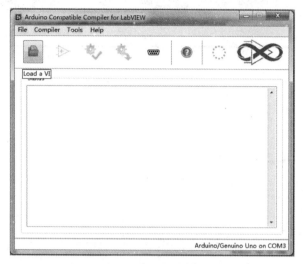

图 20 - 26　装载 VI

2）选择"闪烁 LED VI"（见图 20 - 27），然后编译下载，截图 VI 内用中文做了步骤解释。

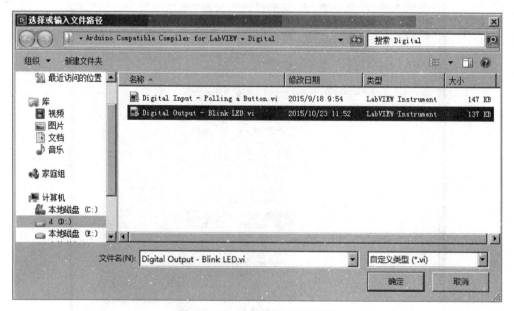

图 20 - 27　选择闪烁 LED 程序

3）查看前面板（见图 20 - 28）。

4）查看闪烁 LED VI 程序框图（见图 20 - 29）。

图 20 - 29 中各序号的意义如下。

1. 调用 Pin Mode. vi，设置数字 13 引脚为输出；

2. 无限循环；

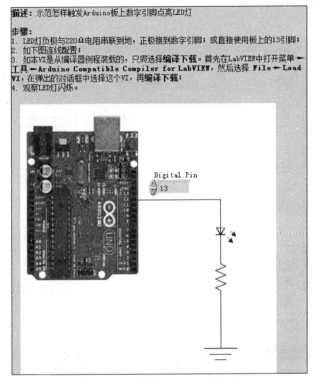

图 20-28　闪烁 LED VI 前面板

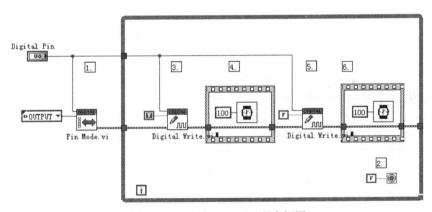

图 20-29　闪烁 LED VI 程序框图

3. 调用 Digital Write. vi 写高电平（5V）到数字 13 引脚；

4. 保持输出 ON 状态 100ms；

5. 调用 Digital Write. vi 写低电平（0V）到数字 13 引脚；

6. 保持输出 OFF 状态 100ms。

注意：错误写簇只被用于数据流编写控制，不能访问读写到 Arduino 硬件中。

5）编译下载闪烁 LED VI（见图 20-30）。

6）查看下载状态栏信息（见图 20-31）。

图 20-31 的状态内容已显示编译下载成功，请查看你的 Arduino Uno 硬件板上 L 丝印图

标旁 LED 灯是否已处于闪烁状态。

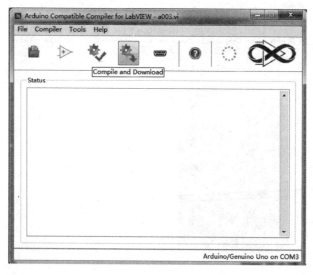

图 20 - 30　闪烁 LED VI 编译下载

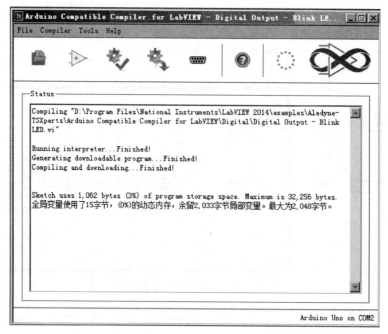

图 20 - 31　闪烁 LED VI 成功编译下载状态栏

20. 2　Arduino LabVIEW 编译器应用于 Arduino Due 板

1. Arduino Due 板

有了上面的基础，这里介绍安装一款 ARM 32 位的板子，即 Arduino Due 板，Arduino LabVIEW 编译器完全支持。Arduino Due 实物如图 20 - 32 所示。Arduino Due 板参数如下。

（1）微控制器：AT91SAM3X8E。

（2）84MHz 的 CPU 时钟频率。

（3）96KB 的 SRAM。

（4）512KB 的 Flash。

（5）数字 I/O 引脚：54（其中 12 路 PWM 输出）。

（6）模拟输入通道：12。

（7）模拟输出通道：2（DAC）。

（8）UART 串口：4。

（9）I²C、SPI 和 CAN 通信口。

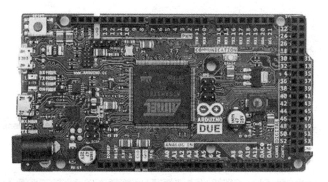

图 20 - 32　Arduino Due 实物

2. 安装 Arduino Due 板的库

Arduino IDE 安装完后，上面 Arduino Due 板的库默认是没安装上的，需要自己手工安装。

（1）单击执行"工具"→"开发板"→"开发板管理器"命令，如图 20 - 33 所示。

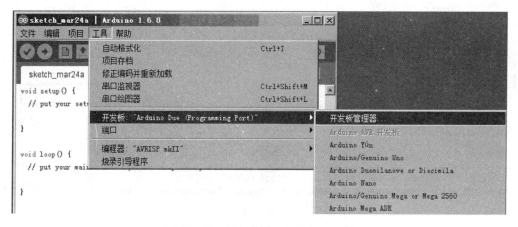

图 20 - 33　选择菜单：开发板管理器

（2）选择 Arduino Due 板安装。在弹出的对话框中找到 Arduino Due 这一项（见图 20 - 34）。

（3）单击"安装"，过程如图 20 - 35 所示。

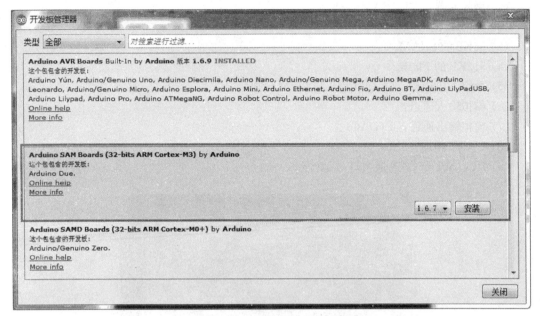

图 20-34 选择 Arduino Due 板安装

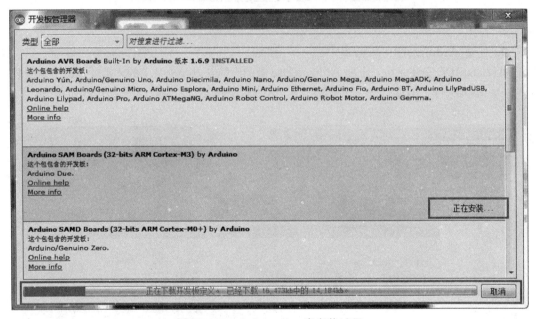

图 20-35 Arduino Due 库安装过程

（4）若想上面过程顺利，必须保持连网，根据用户的网速不同，这个过程得耐心等待，安装完成界面如图 20-36 所示。

安装成功后，可在工具→开发板中找到"Arduino Due"型号。

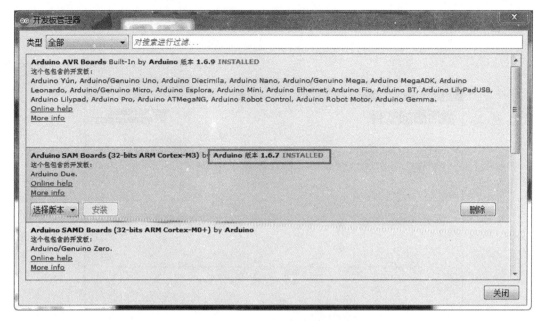

图 20 - 36　Arduino Due 库成功安装

20.3　软　件　激　活

如图 20 - 37~图 20 - 41 所示为激活 Arduino LabVIEW 的方法。激活 ID 由斯科道公司代理销售。

基于上述学习，对 VI 有了感性认识，要做出产品，应该下番长久功夫。

图 20 - 37　激活 Arduino LabVIEW 编译器过程 1

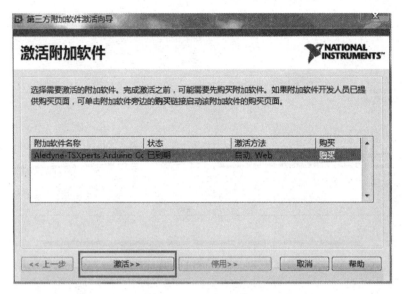

图 20 - 38 激活 Arduino LabVIEW 编译器过程 2

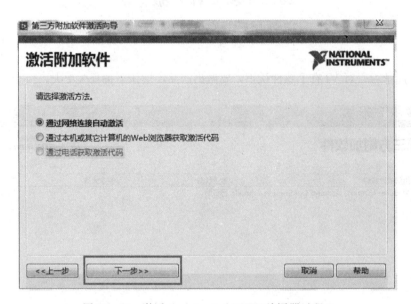

图 20 - 39 激活 Arduino LabVIEW 编译器过程 3

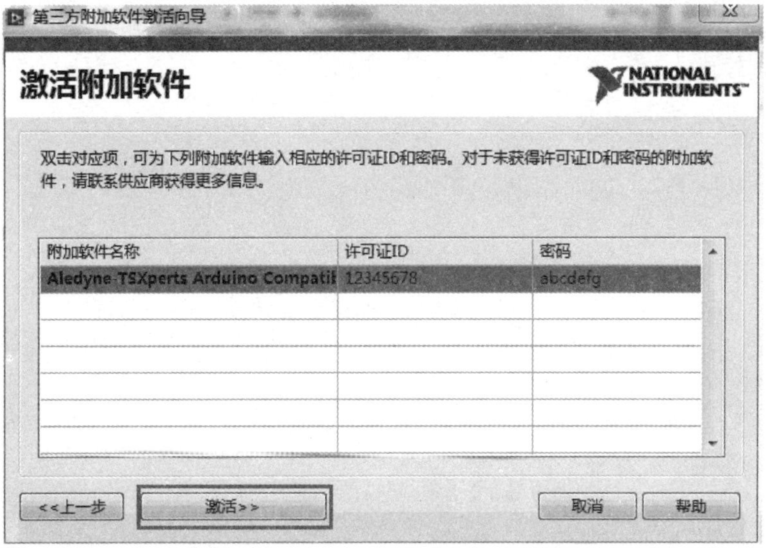

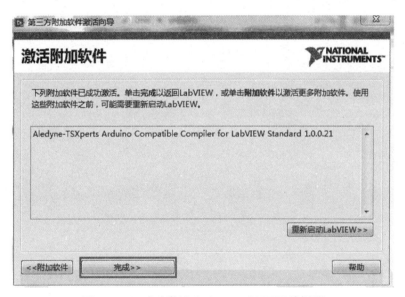

图 20 - 40　激活 Arduino LabVIEW 编译器过程 4

图 20 - 41　成功激活 Arduino LabVIEW 编译器